方三大最热传奇形象系列

全彩插图版

狼人 的 月夜迷踪

张全宝 // 编著

狼人，一种纯粹为了杀戮而存在的生物，一个似乎完全起源于迷信的传说。

京华出版社

全国百佳出版社
中央编译出版社
CCTP Central Compilation & Translation Press

图书在版编目（CIP）数据

狼人的月夜迷踪／张金宝编著 . — 北京：京华出版社，2010.12

ISBN 978-7-5502-0068-5

Ⅰ . ①狼 … Ⅱ . ①张 … Ⅲ . ①人科 – 研究 – 西方国家 Ⅳ . ① Q98

中国版本图书馆 CIP 数据核字（2010）第 217918 号

狼人的月夜迷踪

编 著	张金宝	
出版发行	京华出版社	
	（北京市朝阳区安华西里一区 13 号楼 2 层 100011）	
	（010）64258473　64255036　64243832（发行部）	
	（010）64258472　64251790　64255606（编辑部）	
	E-mail:80600pub @ bookmail.gapp.gov.cn	
印 刷	三河市华新科达彩色印刷有限公司	
开 本	710mm×1000mm　1/16	
字 数	275 千字	
印 张	13.75	
版 次	2010 年 12 月第 1 版	
印 次	2010 年 12 月第 1 次印刷	
书 号	ISBN 978-7-5502-0068-5	
定 价	36.00 元	

狼，这种自古以来就拥有褒贬不一评价的生物，被人类赋予了各种不同的色彩。敬之者谓之勇猛，将其奉为图腾，渴望自己能有狼的力量；厌之者谓之贪婪，极力贬低它，并给后人留下了许多因贪婪而不得好下场的狼的故事。

　　在西方，狼被演变成了颇具人类色彩的传奇生物——狼人。狼人的传说在欧洲由来已久，但却无人能说出它的确切的历史，仿佛从人类与狼这两种生物诞生之日起，就有了人变身成狼的传奇存在。纵观那些变狼的故事，或邪恶，或矛盾纠结，狼人也是亦正亦邪，一如人类眼中的狼。

　　狼人这种生物是否真的存在，至今仍无法考证。从历史和神话传说中，我们却可以惊奇地发现，所谓狼人体现出来的其实正是人与狼之间的关系。在那些狼人的传说中，大有狼的兽性压倒人性而大开杀戒，大肆杀戮的例子，也有人性在狼性的压制下苦苦挣扎，为努力保持一丝清醒人类意识而痛苦不堪的狼人。

　　透过狼人的形象，我们也可以发现人性的复杂。传说中，人因变身成狼而具备了狼的特性——一种兽性，嗜血入魔，杀戮无数，人在此时完全向一种原始的本能做出了妥协。如果我们回顾一下人类的历史，会发现其实人类离开森林也不过25000年的时间，人类曾在森林中与狼为邻，过的也是茹毛饮血的生活。随着进化，人类脱离了森林，也脱离了原始的生活方式，最终而成为人。人内心的兽性，或者称之为原始本能，随着文明的进步而逐渐被压抑。所以，人类有时文质彬彬，谦和礼让，有时却又做出野兽般的举动，杀戮、战争、占有……与其说世间存在狼人这种生物，不如说是人类心中沉睡的兽性被唤醒了。

前言 FOREWORD

目录

目录

第一章
狼人的传说

　　"一种纯粹为了杀戮而存在的生物，一个似乎完全起源于迷信的传说，一段鲜为人知的历史。"这就是狼人的故事。它们曾令欧洲人几个世纪以来谈"狼"色变，最终却随着工业革命的汽笛声渐行渐远……

1 在神话中寻找狼人的印迹

在遥远的古代，在人类与狼之间，究竟有着什么样的故事，才会有了狼人的出现？也许最初的记录我们已经无法找到，但是沿着狼人历史的足迹，让我们回到几千年前的时代，从那些流传下来的故事中、从那些有据可考的历史中，勾勒出狼人的雏形。

沿着狼人的足迹回溯它的历史，我们会发现它似乎是一种伴随着人类历史而生的生物。早在公元前1000年左右的希腊神话中，就有了人化身为狼的记载，希腊神话中的神有时也会以狼的形态出现。现存的最古老的著作之一——《吉尔伽美什（Gilgamesh）》中，我们也能找到狼人的记载，这是我们目前能够找到的关于狼人的最早记录之一。在这本书中，丰收女神伊什塔尔（Ishtar）十分仰慕吉尔伽美什，大胆地向他求婚，却遭到吉尔伽美什的拒绝。因为他深知伊什塔尔是个残忍且性格反复无常的魔女，她曾将自己的一名追求者、一位牧羊人变成狼，迫使他变成自己的朋友、羊群甚至爱犬的敌人。

◎ 伊什塔尔曾将一个牧羊人变成狼

除此之外，提到狼人，有一则神话故事是不得不提的，那就是吕卡翁（Lycaon）的故事。一般认为，这是关于狼人起源的最早的神话之一。

在西方，人们往往把狼人叫做"Lycanthropy"，这个词就来源于吕卡翁（Lycaon）。这个国王变狼的故事出自于奥维德（Ovidius, Publius）的《变形记》。

据说，人类在尘世定居后，犯下了种种罪恶，消息传到世界统治者宙斯的耳中，为了了解真相，宙斯化作一个凡人到人间考察。

◎ 奥维德

◎ 宙斯——希腊神话中的主神

◎ 再现了宙斯将吕卡翁变狼的情形

　　一天深夜，宙斯来到阿卡迪亚国王吕卡翁的家中。吕卡翁素以野蛮残酷闻名，他察觉到这名来客不凡，为了验证宙斯的身份，他将一个摩罗西亚人送来的人质杀害，将他的肢体放在火上烤。在晚餐的时候，吕卡翁命人将这些人肉端给宙斯。宙斯发现了这个人肉的秘密之后勃然大怒，他用复仇之火将吕卡翁的宫殿烧毁，仓皇中，吕卡翁逃到了野外，却惊恐地发现，自己发出来的声音像狼的嚎叫声，身上长出浓厚的毛，双臂长成了前肢——他变成了一匹狼！作为惩罚，他必须十年不食人肉，

◎ 印第安部落的纳瓦霍人

才能恢复原形。

实际上，在许多国家的传统文化以及民间传说中，都存在这种变形，只不过变成的动物不同，比如在北欧，许多传说中人们会变成熊，英国的民间故事里，巫师常常会装扮成猫或者兔子赴魔鬼的聚会。

在美国最大的印第安部落纳瓦霍（Navajo）部落中，流传着一种兽皮行者（skin-walker）与狼人非常接近。兽皮行者指的是可以变身成任何一种动物的人，在传说中，他

◎ 可变成多种动物的兽皮行者

们邪恶、恐怖且难以杀死，唯一杀死他们的方法，就是认出他们人形时的真实身份。兽皮行者变身的目的在于快速地到底目的地，或者是为了在袭击其他人或者生物时，可以隐藏自己的真实面目。与狼人相比，兽皮行者的形态更加多样化，他们可以是狐狸、熊，也可以是雄鹰、草原狼，这取决于他们需要哪种动物的本领。他们甚至能够"偷走"人的身体。据说，如果一个人与兽皮行者对视的话，他们就能钻进这个人的身体里去。纳瓦霍人相信兽皮行者有特殊的能力，能通过人的毛发、指甲、鞋子等施咒于人，所以纳瓦霍人从不把鞋子放在室外，也会小心地将头发、指甲等贴身物品烧掉。

◎ 伟大的历史学家希罗多德

伟大的历史学家希罗多德曾记载过这么一个种族——纽瑞（Neuri），纽瑞人生活在大约在公元前5世纪左右，据说他们具有与神灵沟通的能力。他们为了逃避人类的战争而迁徙到了西伯利亚。每一年，纽瑞人都会化身为狼人一次。

在世界各地的神话故事和民间传说中，人变成动物都是非常普遍的现象。在这些神话传说和民间故事中，为什么只有狼人的故事一直流传下来，并成为一种独特的文化现象，在神话故事的背后，我们能否找到现实中与之相对应的原型呢？

知 识 链 接

《吉尔伽美什》

《吉尔伽美什》是古巴比伦文学的代表作，也是人类历史上的第一部史诗。它的基本内容成型于苏美尔时期，在古巴比伦王国时期（公元前19世纪~前16世纪）用文字记载下来，成为一部巨著。这部史诗讲述了英雄吉尔伽美什传奇的一生，它的内容分为4个部分，第一部分叙述了吉尔伽美什在乌鲁克城的残酷统治，以及与恩奇都的友谊；第二部分讲述了吉尔伽美什与恩奇都一起造福人类，为人民所爱戴；第三部分描述好友恩奇都的死诱发了吉尔伽美什探索人生奥秘的愿望，他开始长途跋涉去往远方寻找长生不老术；第四部分描写吉尔伽美什与恩奇都的幽灵的对话。

2 在历史中依稀发现狼人的影子

　　狼人的出现，与人类对狼这种生物又爱又恨的情绪是分不开的。在远古时代，人类与大自然并没有出现泾渭分明的界限，那时候的人们与自然中的各种生物相伴，在逐杀中保持着一种平衡。在森林中的动物中，狼因团结、勇猛、富有牺牲精神而被许多部落的人类所推崇。对狼的崇拜是狼人出现的一个原因。

　　根据记载，公元前 2 世纪时，欧洲有一个名为 Yulammu Wood Lords 的部落。每当冬至来临的时候，这个部落总会在森林里举行庆祝仪式，以庆祝冬天的到来。这个部落是最早的月亮崇拜的人类，外界称他们为"were"。狼是这个部落的图腾，在他们的图腾柱上，刻得是一匹狼。这个以狼为图腾的部族因此被称为"were-wolf"。

　　西方有很多观点认为，狼人的起源与萨满教（shamanism）有关。萨满教是人类最早的宗教，也是一种世界性的宗教。它被认为起源于我国的北方，但在亚洲北部和中部，以及欧洲北部、北美、南美和非洲等地都十分流行。

　　萨满教认为万物皆有灵魂，在这种观念的指导下，萨满教的崇拜对象极广，自然界的一切生物，一草一木、飞禽走兽、日月星辰以及各种神灵都是他们的崇拜对象。所以，萨满教人时常化身各种动物，如狼、熊、乌鸦等，他们通过动物的形态可以环游世界，并获得智慧。每个萨满都对一种动物情有独钟，并经常化身为这种动物。英国学者霍维兹（Horwitz）就这样定义萨满师："（他们）有意地改变其意识状态，以接触或进入另一个实在之中，能由此获得力量和知识。任务完成之后，萨满师从萨满旅程回到原本的世界，以其所得的力量和知识帮助自己或他人。"

人与动物之间的转变在萨满教是一种非常普遍的观念，尤其是萨满教在祭祀时，常喜欢将狼皮披在身上，在自然原始的时代，狼人的说法自然被广为接受了。

◎ 带着狼头装饰的萨满教人

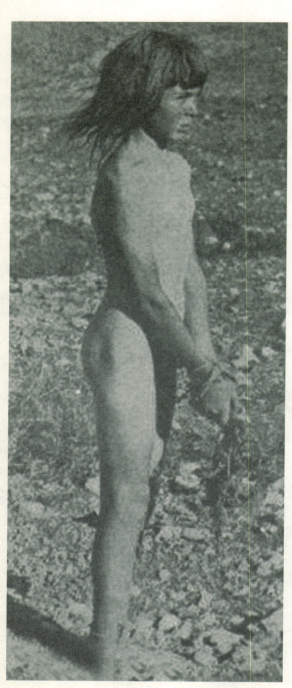

◎ 历史上曾出现很多"兽孩"

　　狼人的盛行，与另一个现象也有很大的关系，那就是从古至今，历史上都曾有过"狼孩"的出现。狼孩是指那些被人类遗弃，由狼抚养长大的人，他们有着人的躯体，但由于长期与狼生活在一起，他们学会了狼的语言、思维和生活方式，他们只能像狼一样四肢匍匐着行走，猎食。

　　在罗马流传着一个著名的"母

狼育婴"的故事,这个故事也赋予了狼以人的色彩。相传罗马建城者、战神之子罗穆卢斯和雷姆斯年幼时曾得一匹母狼相救才得以保住性命,兄弟二人长大后杀死篡夺了王位的仇人,建立了罗马城。后人根据这段传说,于公元6世纪在罗马建造了著名的"母狼育婴"的雕塑。如今,在罗马的坎比多里奥博物馆,母狼依旧以保护者的姿态站立在那里,她的身下两个孩子——传说中的罗穆卢斯和雷姆斯正欢快地吸

◎ "母狼育婴"雕像再现了当年那段历史

◎ 这幅画描绘了当年母狼照顾两个孩子的情形

◎ 帕拉蒂诺山遗址的发现证实了罗马建城的故事

吮着乳汁。

也许有人会说，这只是一个传说，但2007年考古界的一个发现，却证实了这段传说的真实性。帕拉蒂诺山遗址是罗马非常著名的历史遗迹，以罗马帝国第一位皇帝奥古斯都的宫殿而闻名遐迩。2007年，当工作人员在维修这座宫殿时，发现了一个洞穴。意大利的考古学家在一个岩洞里，发现了一幅古老的壁画，壁画中是一只母狼在哺乳一对婴儿，这幅画再现了当年那段历史。

在狼人有迹可循的历史中，我们能够找到的最早的记载，应该是在公元11世

◎ 被变成狼人的国王约翰·雷克兰

纪。1216 年 10 月 19 日，英格兰的国王约翰·雷克兰（John Lackland）被僧侣下毒，不治而亡。不久之后，约翰·雷克兰的墓穴中，常常传出可怕的嚎叫。原来，僧侣给雷克兰服下的是乌头草，又叫狼头草，传说狼头草是地狱之主撒旦送

◎ 亚瑟王曾册封
狼人为骑士

给人类的礼物，吃了这种草的人会化身为狼人。恐惧的人们不堪忍受夜夜狼嚎带来的折磨，于是挖开雷克兰的坟墓，将他的尸体拖了出来，希望它尽快腐烂掉。但是不久，就有人在森林中看到变成狼人的雷克兰哀嚎着在林间游走。约翰·雷克兰是第一个有真实姓名的狼人。此外，据说，英国的亚瑟王也曾封几名狼人为骑士。

知识链接

萨 满

萨满一词源于西伯利亚 Manchu-Tungus 族语言中的"saman"一词，在 Tungus 族语中，"sa"意为"to know"，即为知道，所以，shaman 就是指"知者"（he who knows），萨满教是一种获得知识的方式，而萨满即是沟通神与人的中间人。他们将神的旨意向人间传达，同时又将人类的愿望传递至神那里。

慧眼识狼人

传说中的狼人白昼为人，在夜幕的掩饰下，化身为令人谈之色变的嗜血狂魔。人群中的狼人，远比藏身深山老林的狼人更具威胁性。它时而温和，时而疯狂，亦真亦幻，真假难辨。

狼人在英语语言中有两种不同的称谓，第一种叫 Werewolf，这种狼人指的是不能变回人形的纯种狼人。Werewolf 是天生的狼人，电影《黑夜传说前传》中森林里的狼人，还有《哈利波特》里的芬里尔·格雷伯克都属于这种狼人。他们完全被野性驱使，丧失了人的特性，不能变回人形。

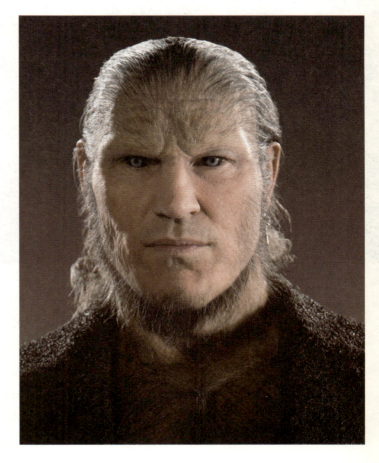

◎ 芬里尔·格雷伯克是天生的狼人

◎ 女狼人的形象并不常见

还有一种是 lycan，是指可以在人形与狼之间反复转换的狼人。这类狼人大多都是后天而成的，比如那些被狼人咬伤而变成的狼人。《黑夜传说前传》中卢西恩的母亲，就是被威廉咬伤后变成了狼人。卢西恩遗传了母亲狼人的血统，他长大后，通过咬正常的人，创造了一个新的种族——既是人类也是狼人（werewolf but also human），他们可以在狼人

与人之间自由转换形态。除此之后，还有一类狼人，
因受到诅咒或惩罚，被变身为狼。通常这种惩罚会
持续 7~9 年，在这段时间内，被变为狼人的人如果
能在期限内坚持不食肉，那么惩罚到期后，他还能
恢复成原来的人形。

　　狼人通常以男性形象出现，不过在英语中，我们
能找到女性狼人的身影。"Lubins" 和 "Lupins" 指的
就是女狼人，与男性狼人的强悍、暴力不同，女狼人
通常很腼腆害羞。

◎ 天生的狼人大多生活在森林里

　　天生的狼人大多生活在森林里，与人类社会保持一定的距离，所以尽管他异常的凶猛强悍，速度之快、力量之大令人咋舌，对人类的威胁还是有限的。但那些后天形成的狼人，由于他们平日大多以正常人类的面目示人，且与正常的人类有一定的关联，例如，他可能是你的邻居，有可能是你的同事，甚至有可能是你亲密的丈夫（妻子），所以，后天的狼人因其隐蔽性而更具有威胁性。

　　在不断地传播中，人们总结出了一些后天狼人的特征：据说他们的手掌心会长出毛发，身体也会长出比一般人浓密的毛发；眉毛汇聚于眉心处，犬齿异常的发达，双耳末端呈尖形；无名指比中指要长。在一些传说中，妇女在怀孕期间每天都在地上爬一段时间，并且舒展四肢，她生下的男孩就会变成狼人，如果是女孩，就会变成小兔子。他们白天为人，晚上就成了狼或者兔子的样子，到处游荡。

　　除此之外，狼人有时也会因意外而自我暴露身份。譬如，当他变身为狼的时候与人或者动物搏斗时，身上如果不慎留下伤口，这个伤口在他变回人形后还会保留下来。在荷兰流传着这样一个故事，一位年轻的弓箭手在前往射箭比赛的途中，看见一头大灰狼正扑向路边放牛的小女孩。弓箭手飞快地抽出弓箭，搭箭、瞄准，一箭射中了大灰狼的右肋。大灰狼一声惨叫，顾不上即将到口的猎物，钻进了路边的树林里。第二天，弓箭手听见人们在议论纷纷，他上前一打听，才知道有人昨晚在大路边被箭射中，生命垂危。弓箭手心中顿时起疑，他跑到伤者面前，发现那人身上的箭还没有拔掉，再仔细一看，正是自己射出的那支。在弓箭手的质问下，伤者不得不承认自己就是那头大灰狼。

　　有句老话说，"眼睛是心灵的窗户"，透过眼睛能看清一个人的本质，这点用在识别狼人上也是很奏效的。据说，变成了狼的人，纵使他已经面目全非，浑身上下无一处具有人的特点，但是他的眼睛是唯一不会变的。在挪威的一个传说中，国王赫灵的儿子伯龙被歹毒的后母变成了一头熊，伯龙的恋人碧莎还是通过眼睛认出了伯龙。

此外，经过一晚的搏斗与厮杀的狼人，会因过度亢奋消耗体力而在白天变得疲倦，一个晚上的饕餮，使他白天也会没什么胃口。有的狼人会变得特别的嗜肉，而且口干。

4 如何化身为狼

◎ 魔鬼常送人可以变狼的药和腰带

在不同的传说中，人们会因为不同的原因而成为狼人，在不同的成因背后，反映出的是对狼人不同的理解。在看过了大量的狼人神话传说之后，我们发现，变成狼

人的人可分为两种，一种是自愿的，这种人崇拜狼的力量，自愿将自己变成狼人；还有一种人则是因为犯下了错、或者得罪了巫师、魔鬼而受到惩罚，被迫成为狼人。

前面故事中的吕卡翁就是因惩罚变狼的例子。在希腊神话中，变狼一般被认为是上帝施加在某个家族或种族身上的诅咒。在俄语中，人们用"沃卡拉"来称呼那些招惹了恶魔的人，恶魔为了惩罚"沃卡拉"，常常将他们变成狼人。在早期的文学作品中，也经常提到上帝惩罚人类，将其变成狼或者其他的动物。

在布拉格有这样一个传说，这里曾有一位贵族，对待臣民异常残暴，他不但对人民征收重税，还强取豪夺，霸占臣民的财产。有一次，这位贵族又看上了一个寡妇家唯一的奶牛，将它抢了过来。结果，奇怪的事发生了，贵族所有的奶牛在一夜之间全部神秘死亡。不可一世的贵族愤怒地发出一连串诅咒，结果上帝被他激怒了，将他变成了一只长着人头的狗。

在中世纪的狼人传说中，曾有这么一个故事。爱尔兰的一个名门望族，因受到一个名为圣·纳塔里斯的人的诅咒，整个家族的人都变成了狼人。这个诅咒持续了7年之久，在这7年中，这个家族的人都只能以狼的形态示人，他们终日哀号着，在密林深处游荡，以蝇蛆为食，偶尔才能捕食到一两只羊。

除了上帝和恶魔，巫师也用咒语将人变成狼人。在许多传说故事中，巫师是可以变身成动物的人，他们也可以通过咒语将其他人变成动物。在挪威，就流传着一个农夫被巫师变成狼人的故事。据说，在挪威一个森林里，住着农夫拉色和他的妻子。有一天，拉色去森林里砍树，匆忙之中将十字架忘在了家中。不仅如此，在砍树前，拉色也没有进行祈祷，于是，森林里的巫师被激怒了，用咒语将拉色变成了一头狼。在波兰流传

◎ 猎手们喜欢佩戴各种狼的饰品

着这样一个说法，巫师会在正在举行婚礼的人家的家门口放一个人皮做成的圈，如果新郎、新娘以及伴郎和伴娘从皮圈上跨过的话，就会变成狼人。这个诅咒会持续3年，3年后，巫师会将一张带着毛发的人皮披在这些狼人身上，这样他们就可以恢复本来的面貌了。但是有一次，巫师带来的人皮太小了，不能完全盖住被变成狼人的新郎，狼的尾巴露在了外面，结果新郎变回了人，却多出了一条尾巴。

在这种变狼的方法中，人们往往是因为做错了事，或者招惹了巫师、恶魔等，而被变成狼人，这种变狼带有很强烈的惩罚色彩。在这种狼人的故事里，狼人往往代表着一种负面的形象，因为人们往往会将自己讨厌的人诅咒成自己不喜欢的动物，例如，当一个人诅咒你"变成一头猪"时，绝不是因为他喜欢猪。

这种受到诅咒的狼人，多数情况下，这种诅咒将终身伴随着他，大多数一生都无法变回人形，在月夜失去理性成为一个凶残的屠杀者，白天则回复成人类。在有的故事中，这诅咒可以通过某种宗教仪式来解除，而在有的传说中，这种诅咒会持续7到9年，在这段时期内，如果能坚持不食肉，则期限到了之后，就可以自动恢复人形。在立陶宛，一个遭到诅咒的狼人要想恢复人形，必须在地上跪上100年，在这期间，他必须保持一个姿势，不能有任何移动。而在塞尔维亚，受到诅咒的狼人们，每年都有一次聚会，在聚会上，他们先把自己的狼皮扔到一棵树上，然后再想办法把狼皮拿下来，那些能够成功地拿下自己的狼皮的人，施加在他身上的诅咒就会自动解除。还有一种比较冒险的做法，就是在狼人的额头上敲三下，这样他就会立刻变回人形。

有些物品也可以消除诅咒。在一些地方，铁器可以消除施加在狼人身上的诅咒，只要往狼人身上扔一把小刀，他就会立即变回原形，全身赤裸着站在原地。

◎ 铁器可以消除狼人魔咒

与作为惩罚的诅咒不同，在一些民间传说中，变成狼人成为一种恩赐，狼人是力量的来源。在这些传说中，只要披上一张狼皮、或者系上一根特殊的腰带或者肩带，就可以变成狼人。还有一种方法是在狼脚印中喝水，也可以变成狼人。

在一些民间中，狼是备受崇拜的动物，因为它很机智，是高明的猎手。猎手们喜欢披着狼皮、戴着狼牙，因为他们相信，这样他们就可以幻化成狼人，从而获得狼的力量，变得跟狼一样凶猛。

　　变狼是力量的源泉植根于这样一种想法，即认为人变成了什么动物，就具有了那种动物的力量和本领，例如，变成鸟的人，就会拥有鸟儿飞翔的本领，变身为鱼的人，就可以在水中遨游。于是，披上狼皮，就拥有了狼的速度和力量。

◎ 据说披上狼皮能获得狼的力量

　　正是基于这样一种想法，在一些崇尚狼的力量的地区，也常常会有人变成狼的故事，而且，在这一地区的狼人，往往受到人们的尊敬，因为他代表了力量与恩赐。

　　通过这种方式变成的狼人，要想恢复人形时，就必须脱掉披在身上的狼皮或者是卸掉系在腰上的腰带；而有的地方的民间传说中，狼人要想恢复人形则必须重新穿上自己的衣服，因此，在这种情况下，要想顺利地恢复人形，保存好自己的衣服就显得很重要了。

　　在一个传说中，狼人是这样保存自己的衣服的。一名男子与他的同伴在月夜漫步在树林里，走着走着，他的同伴回头去看这么名男子，发现他脱掉了衣服，把衣服堆在地上，在衣服的周围尿了一圈，衣服瞬间就变成了石头，然后这名男子变成狼跑进了森林。既然衣服变成了石头，也就没有人能够拿走了，这样他就可以顺利地变回人形了。

　　但不是所有人都这么幸运的，在另外一个传说中，一个人变狼的秘密被他不忠的妻子知道后，妻子找到了他衣服的藏身之处，待他变成狼人之后，烧掉了他的衣服，这样他就再也变不回人形了。愤怒的狼人于是咬掉了妻子的鼻子。

　　在有些民间传说中，有的人将自己的灵魂出卖给了魔鬼，成了魔鬼的奴仆，作为回报，魔鬼会给他一种膏药，抹上这种膏药，他就会幻化成狼。

　　此外，变成狼人有时候是命运的选择。在一个名为安托斯的家族中，家中的成员会被命运选中带到阿卡迪亚的一个湖边，他将衣服悬挂在一棵白蜡树上，纵身跳入湖中，成了一匹狼。他将以狼的形态生活9年，在这9年当中，如果他没有攻击过人，就可以游回来变回人形。在加利西亚、葡萄牙、巴西的一些民间传说中，一个家庭里排行第7位的男孩会变成狼人，这种说法在阿根廷非常流行，一度导致很多家

◎ 有的国家的传说中，新月时怀上的孩子有可能会变成狼人

庭将家中排行第7的男孩遗弃，或者杀死。所以，在1920年，阿根廷的一条法律规定，阿根廷总统是所有"第七子"的教父，在他们洗礼的时候发给他们一块金质勋章，直到他们21岁为止。大规模的遗弃孩子的事情这才停止。不过阿根廷总统是"第七子"的教父的传统依旧被延续了下来。

在一些国家的传说中，在新月时怀上的孩子或者是星期五恰逢满月、圣诞节或者仲夏夜时生下来的孩子，都会成为狼人。还有最常见的一种变狼的方法就是被狼人咬伤。不过这是小说或者影视作品中常见的方法，在神话故事和民间传说中并不常见，因为很少有人被狼人袭击后还能保命的。

知识链接

魔鬼的奴仆

据1521 年的一次法官审讯记录记载，一名名叫皮埃尔·博格特的嫌疑犯称，在大约 19 年前，他的羊群被风暴袭击后损失惨重，这时，他遇到了三名黑衣骑士。黑衣骑士知道了他的遭遇之后，答应保护他的羊群，条件是要皮埃尔放弃对上帝和天界众神的信仰，断绝与基督的关系，成为恶魔的奴仆。皮埃尔与恶魔达成了协议，从此，他再也不担心他的羊群，恶魔还给了他一种药膏，抹上之后，皮埃尔发现自己变成了狼人，有着狼一样的爪子和浑身浓厚的狼毛。奔跑的时候，皮埃尔感觉自己像风一样在林间疾驰。

第二章
狼人的历史演变

从在远古时代的神话传说中崭露头角，到几千年后，在银幕、漫画、游戏中展现狂姿。几千年的时间里，狼人的形象也逐渐从单一变得丰满起来，后来的人不断地赋予它各种含义和要素。

1 千面狼人

早期传说中的狼人，纯粹只是一个人变成了一匹狼。在不断地传播和演变中，这匹狼的特征有了很大的变化。让我们回顾一下狼人的历史，回到我们所能找到的源头，沿着狼人走过的足迹，看看狼人这一路的演变。

◎ 早期传说中的狼人只是一个人变成了一匹狼

　　我们能找到的关于狼人最早的神话中，吕卡翁被愤怒的宙斯变成了一匹狼。在这个故事中，关于吕卡翁变成的狼的描述并不多，只有寥寥几笔——声音变成了狼的嗥叫声，穿着的衣服变成了浑身的狼毛，而双臂则变成了狼的前肢。从这数笔的描述中，我们看到的是一匹狼，故事中并没有赋予它更多的要素。

　　再看荷马史诗《奥德赛》中，奥德赛的祖父名为"Autolykos"，意为"他是一匹狼"；在早期的神话故事中，许多神都可以化身为狼，为的是掩盖自己的真实面目，同时可以获得狼的力量和速度；公元前 1 世纪时的古罗马诗人 Virgiye 曾提到一个巫师，他可以用一种毒草将自己变成狼。在所有早期的这些描述中，狼人变身后，都只是变成了一匹纯粹的、真实的狼。而且，这种变身还可以在人与其他动物之间实现，例如，变成一只熊，或者一只猫，一只鸟。

　　在中世纪以前，狼人一直都只是一种存在于民间故事和神话传说中的生物，直到中世纪，各种恶魔的恐怖传说甚嚣尘上，尤以狼人的故事为甚，因为人们深知狼的威胁。这种由对狼的恐惧进而转化成对狼人的恐惧，于是，对于当时的人们来说，如何识别出狼人尤为重要。当时的人们总结了许多识别狼人的特征，如狼人眉毛是连在一起的，手指里会长出绒毛，面色苍白，眼睛的瞳孔呈锥形等等。最重要的是，狼人变形成狼以后，不同于以往神话传说中的只是变成狼本身，而往往是变成了一种比狼更有力量、更邪恶的生物。在一些描述中，狼人变成狼之后，身体会爆涨 2 倍左右，且能够像人一样直立行走，速度暴升，攻击力比普通的狼明显要大。

◎ 狼人在中世纪时变得可以直立行走

　　中世纪的狼人之所以邪恶，还有一个原因是，普通的狼并不会主动袭击人类，而狼人，则是个嗜血狂魔，变成狼后会无法控制地攻击人和野兽。

　　中世纪的狼人噩梦结束之后，狼人沉寂了很长一段时间，直到它成为小说、漫画、影视作品中的角色后，狼人开始呈现出它的多面性。

　　在外形上，变狼后呈现出各种形态，有的时候是以一只纯正的狼示人，有时是一个半人半兽的形态，如电影《失魂月夜》的海报中所描述的：一半是人，一半是狼，但却是超级的惊恐。的确，新时期的狼人往往以恐怖的面目出现，尤其是对于以往忽略的狼人的变身过程，在现在的各种作品中，都成了描述的重点。创作者们往往会将变身过程描述得无比痛苦：骨头从肉里硬生生地突出来，身体匍匐在地上，一双腿变成了狼的后肢，利牙从嘴里长出来，一个温和的人瞬间变得恐怖狰狞。

人们只听说过狼人对月嗥叫，嗥叫，就是狼人的语言。不过在一些狼人游戏里，狼人已经有了说话的功能。

狼人作为一种生物的存在，它随着时间的不断变化而改变着形态，在形态变化的背后，是时代赋予了狼人的内涵在变化。

在最初的狼人故事中，人们变成狼，或许是因为受到惩罚，或者是因为崇拜，或者想借助狼的身体来达到自己的目标。在所有这些变狼的故事里，此"狼"即彼"狼"，也即变身之后的狼，正如日常人们所见之狼。早期的狼人，只是人或者神变成了一匹真正的狼，这匹狼并没有过人之处，这种变狼的背后，体现出的是人们对狼这种生物的态度，因崇拜而渴望变成狼人，因厌恶而将所厌之人变身为狼，因需要用狼矫健的身姿在林间急速地穿行，才会将自己化成狼人。所以，它有时是邪恶的，有时是中性的，有时却是一种恩赐。

狼人在它的最初起源的时候，并没有特别的深意，到了中世纪的时候，才被赋予了新的含义——邪恶。这时

◎ 卡通狼人

◎ 新时期狼人变身的过程成了重要部分

的狼人代表了一种与黑暗势力的妥协，那些被指认为狼人的人，都被认为是邪恶的嗜血狂魔、上帝的奴仆、邪恶的化身。对狼人的恐惧成了当时人们一场集体性的歇斯底里。这种对狼人的仇视有着深刻的历史背景。

值得一提的是，现代的狼人故事中，我们看到的种种与狼人相关的东西，如银子弹可以克制狼、狼人与吸血鬼的世纪恩怨等，也都是从这一时期起开始慢慢地出现，这些元素的不断积累，为后来的狼人作品提供了创作的素材。

近代的狼人故事里，狼人作为一个文化符号，有了更多的意蕴。它有时代表着人性中的阴暗面，有时代表着人生中的一段传奇经历，或者配合特殊的历史背景，传达出时代的信息。

由此，我们可以看出，狼人在不断的演变进程中，已经由原来的一种

◎ 中世纪时期的狼人往往非常恐怖

传奇的生物，演变成现在的一个文化符号。这种符号化的狼人，具有了更多的人的色彩，它往往代表了人性的复杂，或善良，或邪恶，或善恶交织。狼人有时候就是人的化身，人类借助狼人的形象来表达恐怖、异化、对一成不变的背叛和奇妙体验的渴望。

知识链接

荷马史诗

古希腊的盲诗人荷马创作的两部长篇史诗《伊利亚特》和《奥德赛》的统称。这两部史诗可能是基于古代传说的口头文字创作而成。作为史料，它不仅反映了公元前 11 世纪到公元前 9 世纪的社会情况，而且反映了迈锡尼文明。它再现了古希腊社会的图景，是研究早期古希腊社会的重要史料。

《伊利亚特》主要讲述的是希腊联军围攻小亚细亚的城市特洛伊的故事，集中描写了战争结束前几十天的事件；《奥德赛》描述的是伊大卡国王奥德修斯在攻陷特洛伊后归国途中十年漂泊的故事，重点描述了这十年中最后的一年零几十天的事情。

2 月圆之夜的传奇

"即便一个心地纯洁的人，一个不忘在夜间祈祷的人，也难免在乌头草盛开的月圆之夜变身为狼。"这则在古世纪欧洲盛传的传说，道出了一个在月圆之夜的变狼秘密。据说，每逢月圆之夜，狼人的狼性就会萌发，从而变身为狼。

在狼人的传说故事中，月亮是必不可少的元素。狼对着圆月嚎叫，让人们不由地猜测在狼与月亮之间，有着某种神秘的联系。自古以来，月亮影响着地球上的繁衍生息，而在狼人起源的神话中，月亮更是狼人诞生之母。

据说，在最初的最初，一切都还处于混沌时期，人与神，动物与精灵混居在一个叫Pangaea的地方。这里是世界的最初形态，没有天与地的明显界限，影界的精灵和实体世界的人类可以互相来往，人类和精灵说着共同的语言：原初语（First Tongue）。

那时，月之母（Mother Moon）时常幻化成温柔、美丽的女子来到地上，徜徉于丛林、沼泽与海洋间，受到无数爱慕者的追求。

◎ 月夜狼嚎

地上最伟大的猎人"父之狼"（Father wolf）是影界与实体世界的战士，他维护着两边的秩序。人们时常看到他将在实体世界停留太久、夺取太多元素的精灵赶回影界，有时又将在影界逗留时间过长的动物或人类驱逐回去。

很快，狼之父与月之母相爱并孕育了具有血肉与精灵特质的孩子，这就是最初的狼人。正如月相多变，月亮也赐予了狼人祖先变形的力量。而狼人的父亲，则赐予了狼人超乎寻常的力量与速度。

狼人在父亲的带领下，学会了狼与人、精灵语肉体的知识，他们跟着父亲踏遍了影界与实体世界的每一寸土地，维持着两界的秩序。但是，即使是在原初社会，依然有崇拜黑暗力量的人类和精灵的存在，他们不时与父之狼抗争，结果都以失败告终。这是狼人的鼎盛时期，在Pangaea，没有任何来自人类或者精灵界的反对者可以抵抗他们。

但任何的黄金年代都会衰退，在Pangaea也不例外。父之狼的力量也在逐渐地衰减，在漫长的岁月中，父之狼的步伐开始迟缓，獠牙开始变钝，对两界的管理也感觉越来越力不从心。盛者兴，衰者亡，在Pangaea也是普遍的规则。所有的精灵都有一种支配其独特天性、不可背弃的信条，父之狼也有自己的信条，那就是：如果有足以取代他的敌人出现，他将无法保护自己。

◎ 十字绣中的月之母

◎ 月相的多变给了狼人变形的能力

　　显然，最适合顶替父之狼的位置的便是他的孩子。而取代父之狼的唯一方法就是将他杀死。狼人们也的确这么做了，父之狼濒死前的狼嚎震动了整个 Pangaea，那哀号声传来，人类只能伏在地上哭泣，心中满是恐惧。精灵则缩退回自己的巢穴。据说，父之狼最后的嚎叫的力量和其中掺杂着的绝望、悲痛的情绪立刻让他的孩子死去。情人临死前的哀号声传到月之母耳中，她痛苦地谴责孩子们的背叛，并诅咒所有她生下的孩子。自那以后，影

界和实体世界分开了，在一阵地震、狂风过后，北方冒出巨冰，岛屿沉入海洋，Pangaea 消失了，猎人也永远失去了自己的乐园。

这就是传说中狼人的起源，是他们同时成为人类和狼的原因，也是他们身为影界子民却被精灵遗弃的原因。精灵们痛恨这种半灵半肉的生物统治他们，也害怕狼人们的力量，毕竟他们曾经毁灭了世界上最强大的狼灵：父之狼。

自古以来，人们普遍认为月亮有着一种神奇的魔力。它以自身的盈亏来影响着地球上的各种生物和环境。古

◎ 古时候的人就已经发现海洋潮汐是月球引起的

◎ 红色的月亮是狼人变异的信号

人早就通过观察发现，地球上海洋的潮汐与天空中月亮的赢缺有着一种神秘的默契；地球上的动物，尤其是夜行动物，它们的猎食习惯以及繁殖周期的变化，也都与月亮的变化有着某种联系。种种与月相相关的现象让古人们相信，月亮有着神奇的魔力，而那些在满月时活动频繁的生物，也因此蒙上了神秘莫测的色彩。熟悉狼的人都知道，狼群有对着月亮嚎叫的习性。一天一地，一狼一月，在清冷的旷野中的凝视与呼应。在古人看来，这具有十分传奇的色彩，那仿佛是狼与月亮之间的一场对话，一种能量的传递，因此也就有

了月圆之夜变身为狼的传说。把自己的祖先说成是由狼哺乳长大的罗马人是拜月族，这种信仰在一些习俗上还能找到痕迹，例如，圣诞节在每年冬至的后三天，这也是由罗马人的拜月文化所造成的。

不仅如此，在狼人的传说中，月亮还对狼族的进化起着重要的作用。例如，当天空中的月亮呈红色时，那就是狼人变异的信号。沐浴着血红色的月光，狼人身体内的暴戾、攻击性开始勃发，不同狼人种族像接到月亮的指示一样，狼族之间爆发了一场场为争夺控制权的斗争。

圆月与狼人的关系，在诸多的文学、影视作品中均有提及。在电影《哈利·波特》中，莱姆斯·卢平因自幼被狼咬过而成为狼人，每到月圆之夜，就要经受变身的痛苦。为此，他总是在月圆之夜喝下一种附子药剂，这样就可以在睡梦中安然睡去，免去变身的痛苦。

在现代医学中，有研究也证明月圆的确会诱发人性中的"狼性"。澳大利亚的研究人员发现，在月圆之夜，医院急诊部接到的暴力倾向病人较往常有显著的增多。根据数据显示，在 2008 年 8 月至 2009 年 7 月期间，某医院急诊部共接收了 91 名有暴力倾向和攻击性的病人，而在这 91 人当中，有 21 人是在月圆的时候发病被送至医院，占暴力倾向和攻击性病人的 23%。医生在收治这些病人时发现，一些病人会攻击医务人员，又抓又咬，让人不禁联想到传说中的狼人。

关于月圆激发人类"狼性"的原因，有多种说法。有人认为，就像月球引力会引起海洋的潮汐一样，在水占到了重量的 70% 的人体内，月球引力也会引发一场体内液体的潮汐，持这种观点的人将之称为生物潮。另有说法认为，月圆之夜，月亮愈发地明朗，照得人难以入眠，狂躁不安。

无论何种原因，月亮对地球环境和生物的影响都是不可否认的。

3 吸血鬼，黑暗世界的宿敌

狼人与吸血鬼仿佛是黑夜的一对孪生兄弟，他们总是伴随着黑夜而生，却又互相敌对，自他们诞生以来，就成了天生的宿敌。与狼人的残暴、粗鲁不同，吸血鬼出场时，总是衣着考究，举止优雅，神情克制，甚至就连他们在发展新成员的时候，都是以一个优雅的初拥（first embrace）来实现的，不像狼人，总是二话不说扑将上来，将人撕个粉碎，只留下支离破碎的残体和满眼的血腥。这种表象上的天壤之别，仿佛早就注定了狼人与吸血鬼的不合。

在许多的关于吸血鬼的电影

◎ 亚当和夏娃在伊甸园

中，吸血鬼终年靠吸食人和动物的鲜血为生，他们可以永生不死，容颜不老——这是来自上帝的诅咒。据说，偷食了禁果的亚当和夏娃被上帝赶出伊甸园后，生下了许多孩子，其中该隐是他们的第一个孩子，也是世界上第3个人。该隐后来成了一个农夫，他的一个弟弟是个牧羊人。每次向上帝献祭时，该隐总是奉上自己种的蔬菜，而弟弟奉上的是丰盛的肉食。上帝自然对该隐的萝卜青菜不满，引起了该隐的嫉恨。于是，他谋杀了自己的弟弟。翌日，该隐的弟弟自然没有按时前来给上帝献祭，上帝问起该隐，他假装不知。

该隐哪知道，他的一举一动都未能瞒过上帝的眼睛，上帝怒斥该隐："狡赖！你弟弟的冤魂向我哭诉你的暴行，你却说不知。所以你得接受我的惩罚！"发现真相败露，该隐痛哭着向上帝求饶，上帝说："不，我不会杀你，而且我知道你以后一定会被人唾弃。所以我给你一个与众不同的记号，这样你就会让别人知道你不该被杀——只是尽量折磨你罢了。"该隐所受到的惩罚就是终生靠吸食鲜血为生，并不生不灭，永世受到诅咒的折磨。

◎ 该隐是传说中第一个吸血鬼

◎ 莉莉丝让该隐成为真正的吸血鬼

　　成为吸血鬼的该隐并不具备很强的能，在莉莉丝（Lilith）的教导下，他学会了如何吸食鲜血产生能量。在犹太教旧约圣经里，莉莉丝是亚当的第一任妻子，因不满上帝而离开了伊甸园，投靠魔鬼撒旦，成了撒旦的情人。莉莉丝是个法力高强的女巫，在她的指导下，该隐成了一个真正的吸血鬼。

永生不死曾是很多人的梦想，可是永生不死对于吸血鬼而言，却是一个负担、一种惩罚。一是因为吸血鬼见不得光，他们终年要生活在黑暗中，这种无休止的黑暗生活会让他们厌倦；二是没有人的寿命能长过吸血鬼，他没有朋友、终年孤独。在寂寞的驱使下，该隐创造了第2代吸血鬼，一代一代的吸血鬼被创造出来。据说，到目前，吸血鬼的血脉已经到第13至第15代了。

在文学作品中，凭着强大的能力以及不死之躯，吸血鬼曾一度统治黑暗世界，成为黑暗中的霸主。但是到了14世纪左右，吸血鬼为天主教所不容，天主教廷宗教裁判所对吸血鬼展开了一场猎杀。尽管吸血鬼拥有异能，但却无法抵挡数百个凡人的合作威胁，加之吸血鬼惧光，一到白昼便变得虚弱

◎ 传说吸血鬼终年处在黑暗中，住在棺材里

无力，毫无生机，于是吸血鬼陷入空前的生存危机。为了种族的生存，7个吸血鬼氏族不得不结成联盟，产生了密党（Camrilla）联盟，密党在创立之初便定下了六道诫律传统（six traditions），严格规范吸血鬼的行为，要求他们隐匿于人类社会中，不得暴露身份。凡是新加入的吸血鬼成员，都要诵读六道诫律。那些新近被初拥、尚未从主人那里学会六道诫律的血族，往往不被承认是真正的吸血鬼。

回顾了吸血鬼的历史，我们发现，不同于狼人的散兵游勇，吸血鬼有着严密的组织机构。这两个同属于黑夜的种族，在人类的创作中，产生了各种恩怨，并世代为恩怨所纠缠。

也许是人类的力量过于平凡，狼人与人大战的戏码不够吸引人；也许是因为同属于黑暗，同样拥有异能，才有了一切恩怨的开始，在有关狼人的作品中，吸血鬼成了狼人始终不变的宿敌。从《黑暗传说》中狼人族与吸血鬼家族的世代恩怨，到《暮光之城》中，新时期的吸血鬼爱德华与狼人雅各布的势不两立，狼族与吸血鬼似乎有着不可调节的矛盾，在黑暗世界中，"有你没我"。究竟有什么样的恩怨横亘在这两个种族之间，让他们世代为敌？关于这个问题，有两种说法。

其一，根据《黑夜传说前传：狼族崛起》中的叙述，狼人曾一度为吸血鬼的奴隶。在经历几千年的奴役后，一种反抗的情绪在狼族内部酝酿。

此时，一个名为卢西恩的年轻狼人应运而生，号召狼人再度崛起，对抗视他们为草芥的吸血鬼。这时，吸血鬼君王维克多引以为傲的女儿索尼娅却与卢西恩在私底下种下了情根，并怀上了卢西恩的孩子。这是一个混合着狼人和吸血鬼的孩子，维克多担心这个混血儿会触

◎ 吸血鬼君王维克多

犯禁忌，于是用光刑（相当于人类的死刑，因为吸血鬼惧光）
处决了自己的女儿。因为杀妻之恨，卢西恩誓与吸血鬼族抗
争到底，从此也结下了两个种族的恩怨。

　　其二，为了争夺对黑暗世界的统治权。对权力的欲望，是
个永恒的话题，对人类如此，对身处黑暗世界的物种来说，也
是如此。每当日光褪去，黑暗主宰世界的时候，那些潜伏在阴

暗角落里虚弱无力的吸血鬼，褪去人的伪装、内心沉睡的狼被唤醒的狼人，在夜的掩盖下开始了他们的狂欢。怎奈一山岂能容二虎，两个势均力敌的种族相遇，一场旷日持久的黑暗统治权之争便拉开了帷幕。

以上是关于狼人与吸血鬼恩怨的常见解释，但是只要细看一下两个种族的历史，就会发现他们之间的这场战争，纯属后人杜撰。

狼人传说几乎与有记录的历史一样古老，早在古希腊时期，出于对狼又敬又畏的心理，人们就相信狼人的存在。在古希腊的传说中，特洛伊末代国王普里阿摩斯的妻子能变成一条母狼。

而从历史上考证吸血鬼，则要追溯到"狼人"一词。公元初世纪，在希腊流传着这样一个说法，即一些人死后，他的尸体不会腐烂，而会离开坟墓。这些人往往是自杀而死，或者生前被开除教籍的人，他们死后安葬的地方没有经过宗教仪式的祝福，这些可以到处走动的尸体被称为"活尸（vrykolakas）"。

"vrykolakas"一词出自于斯拉夫语中的"狼人"，因此，在巴尔干半岛和喀尔巴阡山地区的人，将"活尸"和"狼人"都称作"vrykolakas"。于是"活尸"与"狼人"联系到了一起，并衍生出"活死人"，又称"僵尸"。

到了17世纪，狼人传说进一步演变。在当时的波西米亚、波兰、匈牙利及俄罗斯等国家，盛传狼人死后会变成嗜血恶魔，诞生了吸血鬼的雏形。1694年，法国《优雅信使》杂志特意开辟专刊，专门讨论吸血鬼。当时欧洲还没有出现"吸血鬼（vampire）"这个单词，每个国家都以自己的特有名词为它命名。可见，吸血鬼这一形象在当时还是一个新生的事物，一直到1732年，"vampire"一词才出现在英语中，从那以后，才有了对吸血鬼统一的命名，这才将狼人和吸血鬼两种形象区分开来。

从吸血鬼这一形象诞生的过程来看，狼人与吸血鬼这对宿敌之间的恩怨，就显得有些匪夷所思了。或许这只是创作者们为了让故事更精彩而杜撰的吧。

知识链接

六道诫律（six traditions）

六道诫律是传说中由吸血鬼中的7个氏族结盟而成的密党（Camarilla）所立，目的在于保护吸血鬼种族以避免被灭绝的危机。诫律的主要内容为：

第一戒条：避世（The Masquerade），即不能对非吸血鬼露出自己的真面目，否则其他吸血鬼会与你断绝一切关系，此为最核心的吸血鬼戒律。

第二戒条：领权（The Domain），即你在你的领地有着自己的权力，到你的领地内的吸血鬼要尊重这种权力。

第三戒条：后裔（The Progeny），即只有在得到你的长老的同意后，才能发展新的吸血鬼。

第四戒条：责任（TheAccounting），即吸血鬼有义务全责照顾自己创造出来的晚辈，直到引介给亲王释放身份为止。

第五戒条：客尊（Hospitality），即吸血鬼之间应互相尊重彼此的领权。

第六戒条：杀亲（Destruction），即严禁杀害同类。

4 银子弹，狼人的克星

尽管狼人有着惊人的速度和超人的力量，且刀枪不入，常人很难将其制服，但身为宇宙中的一份子，依然遵循着"一物降一物"的规则。对于狼人而言，制服他的最佳武器乃是银子弹。狼人惧怕银制品，是所有狼人传说中的共识。面对凶残的狼人，一颗银子弹，一根银制的矛，一把银质的剑，都是杀狼的绝佳武器。银子弹可以灭狼杀敌，最早要追溯到热沃丹之兽的神话中，在那个故事里，一个狼人就是被银子弹打死的。

在金属中，银质地柔软，它不如黄金坚硬，不易穿透狼人坚韧的皮和体毛，为何却成了狼人的克星？

自古以来，银不仅是财富的象征，在宗教中，还是权力与地位的象征。纵观不同时期、不同国家的皇宫，统治者都偏爱用银制品来做装饰，如烛台，餐具，皇帝的权杖、皇冠等，都以白银制成，再配以宝石、黄金做点

◎ 像这样的银制品都是狼人惧怕的

缀。一些统治阶层人物的用品、饰品，如佩饰、佩件等，也大多以银制成。在宗教活动中，许多法器也都是由银制成，如十字架、祭坛、耶稣像、主教的头饰、圣像、圣血杯等。

银制品的广泛应用，一是因为它的装饰性。银的特质使它成为艺术品的上好材料。例如，在19世纪后期，俄罗斯萨奇科夫公司制作的《三套车》雕塑，就以白银为材料，在雕塑界有着很大的影响力。雕塑中，三匹马奋蹄奔驰，肌肉紧绷有力；两位车夫也是栩栩如生。在西方，银制艺术品，如动物、人物等比比皆是，其中不乏精良之作。

◎ 栩栩如生的《三套车》雕塑

◎ 新生儿常戴银手镯以辟邪

至今，银制餐具因其优雅高贵，依旧深得人们喜爱。

银制品广受欢迎的另一个原因，在于银的辟邪功能。在传说中，银可以驱魔辟邪。在西方基督教的受洗仪式上，常常在圣水中加入稀释的硝酸银为新生儿洗礼。在中国的一些地区，父母会给自己新出生的孩子挂上银锁或戴上银手镯，目的就是为了驱逐邪气，保佑他平安成长。在欧洲的一些民间故事里，银被认为具有消解各种慢性疟疾和神话中的怪兽的功效。

银的辟邪功能与它的物理性质有关。早在公元前，人们就知道银有加速伤口愈合、防治伤口感染、净化水和保鲜防腐的功效。在基督诞生之前的古希腊，人们就用银器来存储食物和水，防止细菌生长。据史料记载，公元前338年，古代马其顿人征战希腊时，就将银片覆盖在伤口上，

加速伤口愈合。而在中国的武侠电影中，更是不乏用银簪等银制品来试探食物中是否有毒的桥段。

银制品在皇宫及宗教等场所的广泛应用，使得银在某种程度上具有了权力与地位的象征意义。尤其是银制品在宗教活动中的广泛应用，使得它也蒙上了一层宗教色彩，具有了驱魔辟邪的功能。

狼人惧怕银制品，原因之一就在于银制品的辟邪作用，尤其是银制的十字架，更是狼人望而生畏的武器。另一方面的原因，在于银制品能在狼人身上留下无法愈合的伤口，从而使狼人日渐衰弱，达到消灭狼人的目的。在中世纪的捕猎狼人运动时期，猎人们常常耗巨资购买银制成银武器，为的就是在遭遇狼人时，可一举将其歼灭。

◎ 银法器

◎ 传说银十字架是杀狼的绝佳武器

　　银子弹杀狼并不仅限于传说，在历史上曾有文字记载的银子弹捕猎狼人的事件发生。

　　事件发生在法国路易十五在位期间。从1764年7月1日起，在法国境内的中央高地地区（吉瓦登）传出了第一起狼人杀人事件。从这以后陆续有人遭遇狼人的袭击，在短短的三年时间里，竟有上百人惨遭狼人的袭击。一时之间，人心惶惶。路易十五为了安抚人心，于是昭告天下，凡有能捕猎到狼人者，重赏六千镑。那时候的六千镑相当于现在的 50 万英镑，还是很有吸引力的。重赏之下必有勇夫。于是，不知有多少人为了六千镑的奖赏，前仆后继地前去杀狼，但无一人能将其捕获。连路易十五派出的 56 位精兵，也没有见到狼人的影子。

最后，一个名叫约翰·加斯丹的人，在神父的指点下，于 1767 年的 6 月 19 日，以一颗受过神父赐福的银子弹在圣达维射杀了这个狼人。约翰·加斯丹是历史上第一个有文字记载的以银子弹猎杀狼人的人。据说，他花了两个月的时间才把狼人的尸体带到路易十五面前，那时狼人的尸体已经腐烂得不成形了，因此路易十五并未能见到狼人的真实面目。后来，这个狼人被埋葬在了凡尔赛宫后院里。

5 乌头草，正邪难辨

◎ 电影《德古拉》海报

在那句古老的传说中，"乌头草盛开的月圆之夜"，心地纯洁的人也会变成狼人。在乌头草与狼人之间，有着什么样的联系呢？

乌头草在不同的传说中，对狼人有着截然不同的效果。例如，在前面的约翰·雷克兰的记载中，乌头草可以将人变为狼人；但在 1931 年的电影《德古拉》中，人们却是用乌头草来驱散德古拉。乌头草究竟是毒是药，让人颇为费解。

在希腊神话中，乌头草是刻耳柏洛斯（Cerberus，又称地狱三头犬）口中的剧毒涎水落地而生。刻耳柏洛斯为地狱的看门狗，是堤丰（Typhon）和厄刻德那所生的儿子。他的外形极其恐怖，脑袋上有三个头，身后拖着蛇尾（有的说是龙尾），背上、头上缠绕着许多毒蛇，嘴里还滴着腥臭污黑的毒涎。宙斯的儿子赫拉克里斯受命前往地狱抓他，就在赫拉克里斯把刻耳柏洛斯带出地狱见到阳光的那一刻，刻耳柏洛斯害怕地将毒涎滴到地上，不久，在滴了毒

涎的地方，长出了一种植物，这就
是剧毒的乌头草。

在神话传说中，乌头草是一种
剧毒的植物。在希腊神话中，复仇
女神美狄亚曾试图用下了乌头草的
毒酒毒死忒修斯，不料被父亲识破
了她的阴谋。在很多传说中，乌头
草与狼人有关，比如在一首讲述女
巫忠告的诗里曾有提到：月亏时，
时针逆转，狼人会站在恐怖的乌头
草边对着月亮嗥叫；诗人约翰·济
慈在他的《忧郁颂》中写到：不，不，
不要去遗忘河，也不要拧出乌头草
的毒汁当酒饮。

在现代的许多影视和文学作品
中，乌头草是狼人电影的一个重要
要素，在电影《哈利波特》中，乌
头草是制狼毒草的重要成分之一；
在《变种女郎》中，乌头草是一剂
可以治愈狼人的药；在一些传说中
能将人变成狼的巫师，他们常用的
方法除了咒语之外，就是一种膏药，
我们来看看这种膏药的配方：乌头
草、颠茄、芦荟、罂粟种子等，还
要辅以蝙蝠血和一种据说是从婴儿
的尸体中提炼出来的油，经过巫师
的精心熬制之后，一种可以让人变
身狼人的药就制成了。

◎ 复仇女神美狄亚

◎ 三头犬

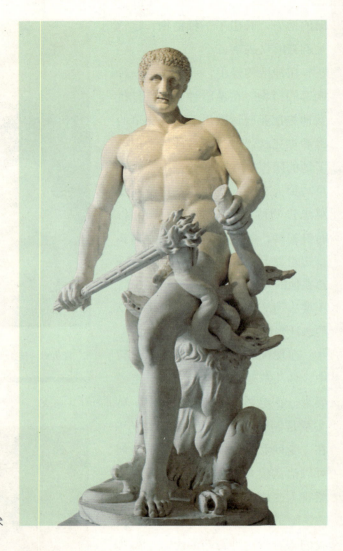

◎ 赫拉克里斯，他从地狱里抓出了三头犬

　　乌头草真的有这么大的功效吗？经验告诉我们，许多传说、神话都有它现实的依据，那么乌头草的这种神奇功效是否有据可循呢？

　　根据《药谱》记载，乌头草，又名狼头草，草乌头，毛茛科乌头属草本植物。这种植物同罂粟花一样，仿佛蛇蝎美女，美得诱人，却可以致命。

在新疆阿勒泰地区，人们称乌头草为"乌合拉森"，常见于爬山松下，渠边，到了开花的季节，紫的、粉红的、蓝色的、白色的、黄色的，各色的乌头草盛开，煞是可爱。但是，正如前面所说，它美则美，却又是致命的。

◎ 盛开的乌头草

这是因为乌头草中含有一种叫乌头碱的物质，乌头碱具有镇痛、麻醉、致幻的功效，所以它是巫师制药时常用的一味药，抹了含有乌头草的药膏或者服用了含有乌头草成分的药的人会产生幻觉，认为自己变成了狼或者其他的各种生物。这也是很多传说中流传乌头草可以使人变身狼人的原因。

乌头草的用量非常地微妙，一旦用量拿捏得不当，极易引起中毒而亡。在古代打仗前，士兵们常用乌头草涂抹在兵器上，这样在战场上刺伤敌兵后，乌头草的毒液就会从伤口进入身体，流进血液里，最终导致死亡。据说，当年关公刮骨疗毒所中之毒就是乌头草。在上世纪90年代初期，新疆伊犁河谷草原上的乌头草曾因繁殖过快，导致牲畜经常会误食乌头草而中毒丧命。

◎ 关公刮骨疗毒。据说他中的正是乌头草之毒

张艺谋的大片《满城尽带黄金甲》中，大王让巩俐饰演的王后长期喝的药中，添加的就是乌头草。由于御医用量拿捏得当，王后并不会立即出现中毒症状，但毒药在体内的积累到了一定程度后，"就会晕眩中毒而亡"。

正是由于乌头草的这种"失之毫厘"，结果可能会"谬以千里"的特性，所以传说中很多人在爱情魔药的配方中加入乌头草，希望让自己所爱之人服药后会爱上自己，却由于用量控制不当，失手把爱人给毒死了。

第三章

狼人传说的由来

狼人传说的历史悠久，它与人类有文字记载的历史一样的古老。狼人就像是伴随着人类的诞生而出现的一种生物，是人类文明发展过程中的衍生物，所以，也许循着人类文明的足迹，我们就能找出狼人传说的源头。

1 狼人传说的神话源头

◎ 北欧神话主神奥丁，据说他常以雄鹰形象示人

人与狼，在我们看来是完全不同的两种生物，无论是外在特征还是内在思维上，我们都找不到任何的共同之处。那么在遥远的古代，人们是如何将这两种生物联系在一起，并让他们实现自由的来回转换形态的呢？通过对宗教中的关于灵魂的观念的梳理，我们或许可以找到一丝线索。

在世界上所有的神话体系中，我们都能找到人变成动物的传说。希腊神话里的神仙时常会将自己幻化成动物，如波塞冬的牧羊人普鲁吐斯，他有两种非凡的能力，一是能够预言未来，第二就是能够变成不同的动物，有时他是一头器宇轩昂的狮子，有时他又成了一头凶猛的野猪；北欧神话中的诸神也有着这样的能力，主神奥丁经常以雄鹰的形象出现，而罗基神则常以三文鱼的面貌出现。在东方宗教传说中，也不乏人变成动物的传说，比如在中国，有人会变成老虎，在日本，人们会变成狐狸，而俄罗斯人则变成了熊。所有这些传说，都是建立在对于人类灵魂认识的基础之上。

在宗教中，灵魂被认为是附在人或动物的躯体上作为主宰的一种东西，在人或动物死亡，灵魂会离开躯体。灵魂的观念对宗教而言有着重要的意义，是一切宗教赖以生存的基础。

在宗教中，灵魂来自于一个全能的神灵，其本质就是力量。万物皆有其灵魂，动物和人各自拥有各自的灵魂，人和动物的灵魂并没有太大的差别。在人或动物死后，灵魂离开躯体，可以依附在其他物体上。

例如，在佛教中，灵魂就是一个独立的存在，而身体，无论是动物的身体还是人的身体，都只不过是一个灵魂暂居的皮囊，灵魂借用这副皮囊来发挥自己的作用。有时灵魂寄居在鸟儿的身上，是为了飞翔，有时寄居在野兽的身上，是为了借用野兽的力量。既然只是皮囊，那么可以穿上，也就可以脱掉，可以今天穿这件皮囊，也可以明天穿上别的皮囊。只要灵魂不变，无论是以人类的面目出现，还是以野兽的面目出现，都没有太大的差别。因此，佛教提倡众生平等，佛教徒对动物都很尊重。

居住在澳洲的原住民将灵魂分为内部灵魂（internal soul）和外部灵魂（external soul）。内部灵魂指的就是人的身体，而外部灵魂则是可以脱离身体的部分。外部灵魂离开之后，会停留在图腾上。

古希腊哲学家柏拉图认为，灵魂是不能加以分解的，它是有生命的存在，具有自发性。灵魂是会轮回转世的。他的学生亚里士多德在《论灵魂》

◎ 柏拉图雕像

中，认为肉体只是质料，而唯有灵魂才是实体。

美洲的印第安人，在人死后，往往会把他生前使用过的弓箭作为陪葬，放在死者的坟墓里，有时甚至还会将他的马也一起埋葬了，为的是让他在另一个世界可以使用。在格陵兰的爱斯基摩人中流传着一个习俗，他们会为死去的儿童预备一条狗，目的就是为他在另一个世界领路；埃及人建造巍峨壮丽的金字塔，也正是基于一种灵魂不灭的观念，所以要将尸体保存好，以备灵魂复活之用。

正如有人所说，对于灵魂来说，人类的各种器官就是各种工具，作用是帮助灵魂完成听、说、看、行等各种活动。既然肉体只是灵魂的一个居所，那么在动物与人之间就没有任何世俗的高低贵贱之分了。下面一个在印第安人中流传的故事就充分说明了这一点。

◎ 埃及金字塔

一位奥色治战士欣赏海狸鼠的聪明与勤劳，于是想娶一位海狸鼠为妻。他来到海狸鼠家，看到海狸鼠一家正在房子里忙碌着。海狸鼠招呼自己的妻子、儿女拿食物招呼客人，自己则与客人攀谈起来。这时，一只年轻的海狸鼠看上了奥色治战士，便悄悄地向他挪过来。海狸鼠战士明白了女儿的心思，就问奥色治战士："你想娶我的女儿吗？我告诉你，她可是我们这里最勤快的海狸鼠啦，她一天能砍倒好几棵大树，修建水坝的速度比任何海狸鼠都要快，还烧得一手好菜……"就这样，奥色治战士遇到了自己心仪的女孩，几天之后，他们就结成了夫妻。

通过这个故事可以看出，在古代，人和动物之间并没有太大的差别，唯一的区别就在于身体构造不同罢了。

通过对世界各地宗教神话中灵魂观念的梳理，我们会发现，在这种观念下，狼人的存在就显得很正常了。

在巴斯克人中流传着这么一个故事：一位猎人为了追捕一头大灰熊，在比利牛斯山中绕了三天三夜，终于在他到达山顶的时候发现了那头大灰熊，正当他准备与大灰熊展开搏斗的时候，大灰熊上前一把抱住了猎人，而且越抱越紧，几乎要把猎人勒得喘不上气来。这时，猎人突感一阵轻松，原来他的灵魂挣脱了身体，慢慢地飘进了大灰熊的身体里，从那以后，猎人变成了大灰熊，终日在比利牛斯山上奔跑。

2 沉睡在身体里的野兽

在探讨了狼人的宗教神话上的起源依据之后，我们还需要回答一个问题：在所有人类可以幻化的动物中，为什么只有狼人的故事流传下来？在人与狼之间，究竟有什么样的共同之处？

尽管自古以来就有了"人之初，性本善"的论断，但是这是人类受到教化之后的结果。如果仔细观察人在婴儿时期的表现，会发现人与动物之间，有着一些与生俱来的共同之处，比如自私、残忍，有摧毁生命的欲望。尽管人类已经脱离了原始社会，在人类社会文明不断进化、发展的过程中，逐渐变得具有了人类理性。但在生

◎ 文学作品中，人的内心一半是人一半是兽

活中，很多从小与野兽一起生活的"兽孩"的经历告诉我们，人一旦脱离了人类社会，就会恢复到最原始的状态——那是一种与野兽无异的状态。这也就意味着，人性中潜藏着兽性的一面，只是由于受到教化而将这种兽性掩盖了。对大多数人而言，兽性被冰冻在体内，而对有的人来说，那种兽性却像一颗越长越大的肿瘤一样，会不断地发作，控制人的思维与情绪。

◎ 路易十一对杀人场景十分感兴趣

我们都曾见过那些猎人或者屠夫在捕杀动物时的表情，不是恐怖，也不是不忍，而是一种快感。猎物在他们手中的嘶叫声，眼神中流露出来的恐惧与绝望，都会触动他们的兴奋神经。据说，法国国王路易十一就有这种嗜好。在他统治期间，路易十一曾先后杀害过4000人，每次行刑的时候，他会躲在自己的城堡中的阁楼里观看整个过程。这样对他来说还不过瘾，有时候他就干脆将绞刑架设在他的皇室里，将刑场搬到他的宫殿里，他自己亲手将那些犯人绞死。

2006年，在网上有一个引起广泛关注的"虐猫"视频，视频中的女子穿着鞋跟纤细的高跟鞋，残忍地将鞋跟踩向一只可怜的猫，在她的踩踏下，小猫发出可怜的呜咽声。这声音没有引起踩猫女子的同情，她反倒是从中获得了巨大的快乐。

类似的虐待动物的事件并不少见，这些事件的背后，都指向同一个根源：即人性中潜藏

◎ 传说中嗜血如魔的德古拉伯爵

◎ 伊莉莎白·巴托里伯爵夫人

着一种暴虐的因子。这种因子一旦被激发，本能的发泄能够给人带来快乐，更会鼓励人们去施暴。

在人类当中，还存在着另一种对鲜血极度狂热的人，被称为嗜血狂魔。在历史上，广为人知的嗜血狂魔除了吸血鬼的原型——德古拉伯爵（Dracula）外，还有一位伊莉莎白·巴托里伯爵夫人（Countess Erzsebet Bathary），她同样也是一个嗜血的魔鬼。

与德古拉伯爵一样，伊莉莎白·巴托里伯爵夫人在历史上确有其人，1611年的伊莉莎白·巴托里伯爵夫人的诉讼案也是历史上真实的嗜血狂魔的案例。巴托里伯爵夫人出生于匈牙利一个强大的贵族家庭，15岁时嫁给了地位同样高贵的贵族弗朗西斯·纳达斯第伯爵。为了讨丈夫的欢心，她每天都要花大量的时间用来装扮自己。一次偶然的机会，身边的女仆引起伊莉莎白的不满，她随手就给了女佣一记耳光，女佣躲避不及，将一口鲜血喷在了她的脸上。不料，伊莉莎白洗完脸后却意外地发现，脸上沾过血的地方比其他地方要白很多。这个意外的发现成了伊莉莎白嗜血生涯的开端。

从那以后，伊莉莎白每天都要人准备一盆鲜血供她洗脸。为了保证每天充足的鲜血供应，她在家中的地下室里开辟了一个囚室，专门关押着从外面骗来的少女。她们中的大部分人都来自农民家庭，伊莉莎白往往打着做女仆的名义，将那些少女骗到自己的城堡内。每天，伊莉莎白和她的仆人们就用针、小刀扎那些少女，极尽折磨之能事；有时候为了获得更加新鲜的血液，伊莉莎白还令人将那些少女殴打得全身浮肿。

到1611年，当图尔所伯爵带领着愤怒的农民们冲进她的城堡的时候，她已经残害了650名少女。伊莉莎白被农民扭送到法官面前，坚持要求法官判其死刑。伊莉莎白·巴托里伯爵夫人显赫的身份救了她，她被免于死刑，终身监禁在城堡的一座塔楼里。因为她血腥的嗜好，人们封她"德古拉伯爵夫人"的称号。伊莉莎白也是大部分影视作品中女吸血鬼的原型。

这种人性中的暴戾很容易使人们把这种行为与凶残、嗜血如狂的狼联系起来，在许多民间传说中，人之所以会变成狼人，都是由于他的一些或过激、或过于粗鲁的行为所致。

人脱离自然界，在不断的进化中逐渐形成了人类文明，原始的兽性会被人性所掩盖，那种原始的激情就犹如困在沉睡在体内的野兽，这只野兽一旦醒过来，就会让人变得暴虐无比。

知识链接

吸血鬼德古拉伯爵（Dracula）

同伊莉莎白·巴托里伯爵夫人一样，德古拉伯爵在历史上也是真有其人。他的全名为弗拉德·则别斯·德古拉（Vlad Tepes Dracula），1431年出生于今罗马尼亚的西基刷刺城（Sighisoara）。其父弗拉德·塔古勒（Vlad Dracul）是当时的"龙骑士"组织的成员。根据罗马尼亚语，"塔古勒"意为"龙"，而"德古拉"则是"龙之子"的意思。德古拉因其父亲饶勇善战，被封为多瑙河畔瓦拉其亚公国（Walachia）的公爵"弗拉德四世"（Vlad IV）。

德古拉幼年经历坎坷，17岁那年率兵攻下瓦拉其亚夺取政权。德古拉掌权后便开始用异常残酷的手段整肃异己，其中"穿刺刑"更是令人闻风丧胆。在对待敌人时，德古拉"彻底的杀戮和掠夺"在使他成为罗马尼亚的民族英雄的同时，也令人感到毛骨悚然。他曾将2万土耳其士兵穿在木桩上，拖着他们绕城池示众；因土耳其使者不愿在他面前脱帽，他命人用一枚铁钉将使者的帽子永远地钉在他的脑袋上。德古拉伯爵见血发狂之名不胫而走，他成了传说中的"吸血鬼"。

3 亦正亦邪的狼

　　从神话中的神幻化成狼，到普通人在巫师诅咒下变身狼人，狼人所蕴含的意义有了很大的差别，一个是作为一种力量的来源，变成狼人就有了狼的速度和力量，可以在林间驰骋；另一个则是惩罚，被变成狼人的人终日在林间寂寞地穿梭，残杀动物和人类，是人们厌恶的嗜血狂魔。狼人在各种不同的传说中，成了一个"亦正亦邪"的角色，时而为人们所崇拜，时而为人们所厌恶。这两种截然不同的态度，与"狼"这种生物"亦正亦邪"的特点有关。

◎ 狼是富有团队精神的动物

狼这种生物作为一个正面的角色，表现在它的忠诚、富有团队精神，以及它在捕杀猎物时的勇猛，在一些崇尚原始力量的地区和宗教中，狼身上具备的这些特征就广为人们所推崇．

对狼的崇拜最鲜明的表现就是"狼图腾"。在全世界，有许多民族和地区都以狼为图腾，例如突厥系民族就是以狼为图腾。《周书·突厥》有云："突厥者，盖匈奴之别种，姓阿史那氏，别为部落。后为邻国所破，尽灭其族。有一儿，年且十岁，兵人见其小，不忍杀之，乃刖其足，弃草泽中。有牝狼以肉饲之。及长，与狼合，遂有孕焉。彼王闻此儿尚在，重遣杀之。使者见狼在侧，并欲杀狼。狼遂逃于高昌国之西北山。山有洞穴，穴内有平壤茂草，周回数百里，四面俱山。狼匿其中，遂生十男。十男长大，外托妻孕，其后各有一姓，阿史那即一也。子孙蕃育，渐至数百家。经数世，相与出穴，臣于茹茹。居金山之阳，为茹茹铁工。金山形似兜鍪，其俗谓兜鍪为'突厥'，遂因以为号焉。或云突厥之先出于索国，在匈奴之北。其部落大人曰阿谤步，兄弟十七人。其一曰伊质泥师都，狼所生也。"在突厥人的眼中，狼是孕育他们部族的祖先，正是这样的缘故，突厥族对狼顶礼膜拜，十分尊敬。

在北美，有史以来那里的印第安人就与

◎ 狼是许多民族的图腾

◎ 印第安人与狼和平共存

狼群共同生活，他们始终对狼保持着敬畏之情，与它们和平共存，共同维护着古老土地上的生态。

在很多地区，人们相信狼能够读懂人的心灵，所以他们对狼格外尊敬，唯恐遭到狼的报复。很多民族都忌讳直呼狼的大名，而以其他的称呼来指代，如有的民歌里以"叔叔"、"牧人"、"长尾巴"来称呼狼。斯莫尔棱斯克人遇到狼的时候，会亲切地问候道："您好，棒小伙子！"

正所谓"你之蜜糖，我之砒霜"，在许多民族和地区被视为"神"一般的狼，在一些人的眼中却是"凶残、贪婪、邪恶、专横"的象征。如中国关于狼的成语中，"狼心狗肺"、"狼子野心"、"狼吞虎咽"、"狼狈不堪"等等，都以狼来比喻"贪婪、邪恶、凶残"等恶性。

在欧洲，尤其是北欧和西欧地区，畜牧业在农业经济中占据着重要的地位，这从流传在德国的一句古谚语中可以看出来：

"它像雾一样铺天盖地而来，不仅毁灭了地主富人的羊群，还溜进破旧的农舍，杀死了可怜寡妇赖以活命的奶牛……"

这是描述牧畜炭疽瘟疫给畜牧业造成的灾难的一句古谚语，除了炭疽瘟疫，欧洲农民还要面对的一个敌人就是——狼群。在欧洲出现过的大型猛兽是熊和狼，而会对农民的畜牧业和人构成威胁的，是狼群。因为熊只有在受到人类侵袭时才会攻击人类，而狼群则不同，它们会主动发起攻击，对人类和家畜造成极大的危害。此时，狼的强大因其"助纣为虐"而变成了"残忍、嗜血恶魔"的象征，因此，狼在欧洲人的眼中，更多的是厌恶而不是崇拜了。

从西方许多的文学作品中，我们也能看出这种对狼"又爱又恨"的情感。从《格林童话》《伊索寓言》《列那狐传奇》中的狡诈、贪婪的狼，到

◎《格林童话》里的狼贪婪而凶残

罗慕洛（Romulus）传说中富于母性的狼，再到杰克·伦敦《理性的呼唤》中机敏、勇敢的狼，狼被赋予了各种不同、甚至是截然相反的色彩。

在不同的"狼文化"背景下，狼人也由此有了不同的内涵，在对狼深恶痛绝的欧洲，"狼人"是"邪恶"的，把一个人变成狼人是对他的惩罚。而在美洲的一些古老传说中，某些巫师能变身为狼，或者鹰、熊等动物，在这些地区，具有这种能力的巫师被视为法力高强的英雄。随着欧洲第一批殖民者踏上美洲的土地，开始对美洲进行殖民之后，美洲的印第安文明被扼杀殆尽，欧洲文化随之传入，欧洲凶残血腥的狼人故事也传遍世界，而欧洲中世纪开始的猎巫运动，更是将狼人视作一种邪恶的象征。

在探讨了神话传说中的灵魂转世的观念、人性中残暴的动物性一面以及狼在不同文化中"亦正亦邪"的意义之后，我们或许可以找到一个将"人"与"狼"互相转变的逻辑：因为灵魂是可以在人和动物之间转移的，这就为"人"与"狼"之间的变形提供了可能；而在所有的动物中，为什么选择了将人变成狼，则是因为狼身上具备了人们两种相反的情感：崇拜与憎恶。

4 狼人真的是狼吗

当我们说到狼人时，有时指的是传说中的那种能变身为狼的生物，但随着时代背景的不断变换，狼人不仅指的是那种传说中的生物，它变得越来越富有内涵，在现代社会，"狼人"往往已经非"狼"，而是另有所指了。

在很多地方，我们都说到狼人在变狼之后，具有了狼一样的特性，它最大的特征就是变得狂暴、不受控制，仿佛是一种原始力量的发泄，与高贵、克制的吸血鬼成了鲜明的对比。

狼人与粗暴行为的联系，有心理学上的依据。正如前面所说，人的内心深处，其实还是保留有一些最原始的野性的，而变狼症的发生，是一个人的人性与这种原始野性斗争之后，原始野性战胜人性的结果。就像是一个人的身体内住着一只野兽，当野兽睡着的时候，他就是一个正常的人，当野兽被唤醒了，他就成了野兽。"变狼妄想症"有时候被认为是创造出来用于描述对无人类意识的变态杀手的恐惧。

所以，当一个人的行为规范不符合社会规范，过于粗鲁、放荡时，人们会用"狼人"来形容他的这种行为。16世纪的时候，在邻近法国海岸线的格恩济，有一些青年挑战当时的社会戒律，他们破坏宵禁，在夜间四处游荡。于是，人们称他们为"狼人"。

法国历史上著名的 Gilles Garnier 案就是最好的例证。1572年，在法国一个名为多尔的小村庄，发生了一起连环杀人案，两名男孩和两名女孩遭到攻击死亡，死状惨不忍睹。人们很快将目标锁定了一个名为 Gilles Garnier 的隐居修道士，有人在一个星期五的时候发现他正要吃一个男孩。Gilles Garnier 因此被抓，他当众承认了自己犯下的罪行，承认那几个儿童都是他杀害的，他不光喝了他们的血，还吃了他们的肉。令法庭瞠目结舌的是，Gilles Garnier 有时还会捎上一块人肉回家，与自己的妻子分享。在当时狼人传说盛行、人人"闻狼色变"的时代，Gilles Garnier 被认为是狼人，施以火刑处死。但是现在人们再度回顾起这个案件，会发现这其实是一起连环杀人案，凶手 Gilles Garnier 是一个疯狂的、无法自制的食人魔。

在 20 世纪初的时候，美国曾出现过专门针对儿童的食人魔。这个名叫 Albert Fish 的连环杀手先后杀死了 5 名儿童，手段极其残忍，人们称他为"紫藤狼人"。Albert Fish 出生于华盛顿一个有着很长的精神病史的家庭中，Albert Fish 尚在年幼阶段，就被父母抛弃了。他被送至一个孤儿院，在他的记忆中，那是一个极其野蛮残暴的地方，他每天都身处在一个充满兽性的环境里，极少受到教育。长大之后，Albert Fish 也是以体力为生。在人们的印象中，他是一个瘦小、温和、值得信赖的人，但是一旦他与那些受害者待在一起，"他体内的那只野兽苏醒了"。这是一个天生的杀人恶魔，最后，Albert Fish 被处死，但是他却将自己的死刑视作一种极大的快乐——这已经完全不是一种人类的思维了。

月缺月圆，是一个轮回不变的周期，狼人会随着月相的变化而出现身体上的变化，从新月到满月，仿佛是一次能力的积蓄过程，到达满月时，能量达到了

◎ "紫藤狼人" Albert Fish

一个顶点。满月下，狼人体内的野兽似乎也在不断地积蓄能量之后达到了巅峰，开始爆发。能量释放之后，月亮渐渐消瘦下去，积蓄积累能量，直至下一个满月。

除了狼人以外，与月亮相关的就是女性了。自古以来，月亮就一直代表着女性，人们往往用"花容月貌"、"沉鱼落雁、闭月羞花"等词语来形容女性之美。在希腊神话中，月神狄安娜（Diana）是一位身材修长、十分柔美的女神，她既是野兽的保护神，也是处女的保护神，所以，人们常以月神之名来指代"贞洁处女"。从月亮清冷、皎洁的形象中，人们仿佛看到了一个温柔、娴静妩媚的女子。

在远古时代，人们认为在女人和月亮之间，有着一些共通的地方，比方说都有着"膨胀"的倾向，都可孕育生命。而且，女人还有着跟月亮相同的生理周期。在《圣经》中，因为夏娃当年偷吃了禁果，于是上帝罚她的后代中的女子每月要经受流血之苦，还要经历怀孕、分娩等各种苦楚。

◎ 阴柔的月亮让人联想到一个温婉的女子

从这个角度，我们会发现，变狼症与女性的生理周期之间有着一种微妙的联系。在远古的传说中，变狼症也被视为是上帝施加于一个家庭或者是种族、部落的惩罚，同女人要受苦一样，狼人不得不每月遭受一次变身的痛苦。

狼人的另一个特点，正如我们前面提到的，在很多影视作品和小说中也都曾提到的，那就是它可以通过咬伤来实现传播，被狼人咬伤的人，最终都变成了狼人。这很容易让人们联想到一种人类极为熟悉的疾病——狂犬病，狂犬病也是通过咬伤他人而使他人得病的。

当然，随着狼人在各类文艺作品中出现的频率越来越高，创作者往往也赋予它不同的含义，狼人这一形象在现时期已经呈现出不同的特点和文化内涵。在后面的章节中，会提到狼人在不同时期、不同题材的电影中所代表的含义。

知识链接

食人魔（ogre）

食人魔是西方奇幻文化中的一个种族，是广义上地精类生物的一支，与熊地精、兽人、狗头人等有亲族关系。根据精灵典籍，很早以前精灵国度的边境就有怪物侵扰，这个怪物有可能就是食人魔，所以，食人魔的历史应当与精灵一样古老。他们既丑陋又贪婪，而且还很残暴。所以，食人魔还被用来形容残暴的人类。食人魔是群居性动物，对外部环境适应能力强。食人魔是个杂食性的种族，最喜欢吃精灵、矮人、半身人的肉。

现实中，也有食人魔的存在。2010年，俄罗斯两名食人魔杀死了一名16岁的少女，并将她的尸体肢解，和马铃薯炖在一起煮成一锅"人肉马铃薯"大嚼。无独有偶，早在2001年的时候，德国也出现过食人魔。德国法兰克福郊区罗滕堡镇居民阿明·迈韦斯在网络上招募"自愿被杀死吃掉的志愿者"，成功地招募到一名男子，并最终将其肢解杀害。阿明·迈韦斯将整个杀人肢解的过程拍摄下来，记录了他如何肢解、并烹食，以及将剩余的肢体和器官冷冻的场景。

5 狂暴战士，披着狼皮的海盗

一旦狼人的观念被接受之后，狼人的存在也变得合理。任何神话传说的背后，都必然有一种现实的依托，当人会变身为狼的观念广为人们所接受之后，很多与狼人接近的事物，就自然而然地成了这种观念的体现，就会被贴上狼人的标签。

在远古时期，有一些人与狼有着这样或那样的联系，这些人在当时的人们看来，就成了现实中最早的狼人。

在北欧神话中，有这样一群战士，他们因蒙主神奥丁的庇护，拥有熊的精神、狼的力量。在战场上，只要披上熊皮或者狼皮，熊或者狼的力量就赋予了他们，他们会陷入极端的兴奋和忘我的状态之中，再也感觉不到恐惧和疼痛，以超强的意志疯狂杀敌，直至战斗而死。他们被称为巴萨卡（Berserker），也就是狂暴战士，据说，一旦一个狂暴战士陷入疯狂的战斗状态，只有天界的众神才能与他抗衡。

巴萨卡并非只存在于北欧神话中，在维京人（Viking）中，就有一帮巴萨卡，他

◎ 神话中的狂暴战士

◎ 维京人拥有高超的航海技术

们随着维京人的足迹踏遍了欧洲沿海，给当时的人们留下了深刻的印象。

维京人也即北欧海盗，生活在1000多年前北欧的挪威、丹麦和瑞典等地，是最后一支威胁欧洲的蛮族部落。"维京"是他们对自己的称谓，其实当时的欧洲人更愿意称他们为Northman，即为北方来客。"维京"一词在北欧语言中有双重含义：一是旅行；二是掠夺。在很长一段时间里，维京人的生活就是在旅行中掠夺沿途地区的财富。

许多世纪以来，维京人一直处在自给自足的农业社会，农牧业是他们的主业，辅之以放牧、农耕和捕鱼、制造磨刀石、冶铁等。自公元6世纪起，维京人开始沿着波罗的海深入俄罗斯，与当地人进行贸易。自公元8

世纪起，维京人突然干起了海盗的勾当，扬帆闯入欧洲沿岸，从此开始侵扰欧洲沿海和英国岛屿。

他们的第一次掠夺始于 793 年，他们洗劫了不列颠著名的林迪斯法尼岛修道院。在此后的 3 个世纪里，他们的足迹遍布欧洲大陆及北极等地区。

维京人的这种突变，人们猜测是由于他们

◎ 富庶的修道院等成了维京人劫掠的目标

在与欧洲人交易的过程中，为欧洲人的富裕所震撼
了，加之维京人海上技术的发展，便于他们撤离；
也有人猜测，是由于农业技术的发展，使得维京
人口过度膨胀，以及法兰克人抢占了维京人在东
欧的贸易份额，激起了维京人的报复。

维京人新的航海和造船技术让他们有恃无恐，
他们往往迅速地登陆制服目标，然后及时撤离。也
许是他们从商时，各地的财富给他们留下了深刻的
印象，他们往往把目标对准那些富裕的城镇或者修
道院，速度之快令人猝不及防，往往在前来救援的
武装力量赶到之前，就已将城镇和修道院洗劫一空

◎ 龙船，维京人的标志之一

扬长而去。日耳曼、法国和英国海岸及河边地区的
人民饱受维京人的侵扰，对他们又恨又怕，却又无
可奈何。

在一段关于维京海盗的描述中，我们可以看到
他们当时生活状况：

他们在斯堪的纳维亚的老家散布开来，他们会
以龙船（因为在这种小船的船头和船尾雕上龙头而
得到这个称号）横渡海洋并突然作出攻击。他们会
先作出突袭然后洗掠，在任何庞大的抵抗部队能作
出攻击之前就会自行撤退，不过他们的行为却逐渐
变得更为大胆。到了后来，他们甚至占领并定居在
欧洲重要的地区。身为异教徒的他们会毫不犹豫地
杀害教士和掠夺教会的财产。一般人都会惧怕于他
们的无情和残暴，他们就像来自地狱的魔鬼。在当时，
他们是卓越的工匠、水手、探险家和商人。

巴萨卡（berserk）就是在这个背景下出现的。
这个词来源于"bare"（赤裸）及"serkr"（衬衣），
意为"赤身战士"。他们像北欧神话中的狂暴战士一
样，在战斗中像熊和狼一样勇猛无比，那么，维京
人的"狂暴战士"是怎样炼成的呢？

维京人喜爱各种竞技游戏，从孩提时代开始，
就参加各种比赛，如马术、举重、摔跤、操帆、
游泳和划船等，其中尤以摔跤为维京人的最爱，
他们在一片空旷的场地的中央放上一块尖尖的石
头作为界限，比赛中，双方的目标就是要努力将
对方推到石块上去，往往弄得浑身是伤，鲜血淋漓。

◎ 维京人里出现的巴萨卡

冬天的时候，他们就玩棋盘游戏，练习进攻和防守的技巧。所有这些比赛都为培养一名强壮的战士提供了可能。

　　等到他们长大之后，个个都是强悍的战士，饶勇善战，视死如归。在每次战斗之前，他们都会用各色颜料涂抹脸部，大量饮酒，发出像野兽一般的叫喊声。一旦投入战斗，他们真的如北欧神话中的狂暴战士一样，在战斗中变得异常的勇猛，仿佛进入一种癫狂的野蛮状态，一种魔鬼般的力量会支配着他们像野兽一样不知疲倦地发挥超人的体力，直至战斗结束。

　　称他们为狂暴战士，除了他们的勇猛之外，还

有一个原因，就在于他们的"狂"。这是一种陷入疯狂后脑子一片混沌的狂，他们往往会不分青红皂白地攻击任何人，所以他们在战斗中往往会保持一定的距离，以免被身边的战友误伤。据说，尽管巴萨卡非常的勇猛，但斯堪的纳维亚的国王们却从来都不任用巴萨卡做贴身护卫——因为一旦发生战争，巴萨卡会忘记自己的保护对象。

巴萨卡给所到之处的人民留下了深刻的印象。由于气候的原因，巴萨卡经常披着狼皮或者熊皮的衣服。这种厚厚的皮衣可以有效地为他们遮挡风雨，抵御寒冷，但对于生活在大陆上过着安定生活的人而言，这些披着狼皮或者熊皮的巴萨卡颇为令人生厌。因为他们不断地侵扰农民的生活，抢掠他们的财产，并不断地滋事，扰乱他们的生活。

根据一些记录，当时的挪威曾有这样一条规定：一个拒绝接受挑战的人将被剥夺所有财产，包括他心爱的妻子，因为一个胆小鬼不值得法律去保护；他财产中的任何一件东西都要落到挑战者的手中。据此，巴萨卡常常到处滋事，他们会没有任何理由地捉弄一个人，捉弄完了之后就将他杀了——只为了练练手；在各种宴会中不请自来，吃喝完了就开始捣乱；有时候有人无意间得罪了巴萨卡，他的脑袋就会被巴萨卡劈成两半……于是，对这些披着狼皮的人，人们虽然十分痛恨，却又不敢招惹，因为他们的确有着一般人所没有的力量。

巴萨卡在战斗中会陷入一种癫狂的状态，他们仿佛被一种魔力所驱使着一样，获得超自然的力量，做出平常无法做出的举动。人们将这种力量的来源归结

到巴萨卡身披的兽皮上，一种普遍的迷信使他们相信：穿上哪一种野兽的皮子，这种野兽的力量就会依附在人身上。

希都尼奥斯曾说，人们用 Varg(狼人) 来指那些过着海盗生活的人。在帕尔格雷夫的《英联邦的崛起和发展》中，我们可以看到，在盎格鲁撒克逊人中间，有长着狼头的 utlagh 或不法之徒。

也许是带着对这些敢怒却又不敢言的巴萨卡的憎恨，欧洲人把那些披着狼皮或者熊皮的人厌恶地称为"狼人"。

知识链接

北欧神话

北欧神话是斯堪的纳维亚地区特有的一个神话体系，其形成时间较世界其他几大神话体系要晚。最初的北欧神话都以歌曲的形式出现，到中世纪，冰岛学者用文字把它们记载下来。北欧神话与世界其他几大神话体系风格截然不同，北欧神话中的世界不是永恒的，神也不是万能的，也要面临着死亡的命运。

北欧神话是一个多神系统，分为 4 个体系：巨人、神、精灵和侏儒。其中巨人创造了世界，生出众神，但又与众神为敌。精灵和侏儒属于半神，他们服务于神。

6 德鲁伊教徒，狼人的另一原型

　　德鲁伊（Druid）是凯尔特人中的祭司，同时还是医者、魔法师、占卜者、诗人，也是部族历史的记录者。Druid 的前半部 "druis" 在希腊文中意为 "橡树"，后半部与印欧语系的词尾 "–wid" 相似，有 "去了解" 的意思，所以 Druid 意味着 "透彻树的道理之人"。橡树是德鲁伊教中的圣树，传说每一颗橡树上都居住着一个精灵，它们通过祭司向人类传达神谕。

　　根据古罗马的记载，德鲁伊教士精通占卜之术。借助于飞鸟，如乌鸦、老鹰等，德鲁伊教士可占卜凶吉，有时通过人的内脏来预言未来，或者在节日里，将人催眠，互换灵魂，以梦

◎　橡树是德鲁伊教的圣树

◎ 槲寄生被德鲁伊视为灵丹妙药

境预知未来。

德鲁伊教徒崇尚自然（周围的自然生物都是他们的偶像），是自然的维护者，他们将整个荒原都视为自己的家园，而他们的职责，就是要使用自己的特殊力量来保护大自然以维持整个世界的平衡。德鲁伊教徒的魔法力量来自于与自然的融合，据说，德鲁伊是能够与神明、精灵及动物对话的人。

德鲁伊崇拜橡树，认为它是至高之神的象征，他们尤其崇拜寄生在橡树上的槲寄生，因为任何生长在橡树上的东西，德鲁伊教徒都认为那是上天派来的生命，象征着这种树是神选中的。尤其是到了冬天，当橡树进入冬眠状态，叶子全部凋零时，槲寄生依旧焕发着生机，这更让德鲁伊教徒相信，是槲寄生赋予了橡树以生命。于是，槲寄生被认为是灵丹妙药，有着特殊的功效，是德鲁伊教徒治病的重要手段。

神赐的果实，当然需要通过严肃的仪式才能采集。于是，德鲁伊教徒规定，只有在满月或者新月的日子，以及每个月的第六个夜晚，才能举行采摘仪式。在仪式中，德鲁伊祭司中的最高级大德鲁伊（Arch–Druid）身着白色的长袍，佩戴黄金胸饰和饰以白色石头的腰带，用金镰刀收割圣果。金镰刀的形状像一轮弯月，象征着"留存万物之种的至圣之月"。为了防止槲寄生掉到地上被污染，还要用一块白布在空中接着。作为与神的交换，德鲁伊教徒会在拿到槲寄生之后，屠宰两头白色的公牛敬献给神。

德鲁伊并不采取特权阶级通用的世袭制，他们信奉能力，只有有能力的人才能当上德鲁伊。因此，尽管由于德鲁伊在凯尔特社会中享有崇高的地位，想当德鲁伊的人很多，但能够成为德鲁伊的人却很少，很多志愿者都因为没能掌握德鲁伊所需的历史、医学、诗歌等多方面的知识而被淘汰——对于德鲁伊而言，一个好的记性尤其重要，因为他们的所有教义均以口头传授的方式一代一代传承下去，没有文字记载，所有的知识都必须记在脑子里。所以，凯撒在《高卢战记》中曾发感慨道：在成为一名合格的德鲁伊教徒之前，恐怕最少要修行20年！由于缺乏有文字记载的历史，关于

◎ 大德鲁伊拥有至高无上的权力

◎ 凯撒感慨要成为一名德鲁伊很不容易

◎ 梅林是德鲁伊教团中的巫师，可操纵猎鹰

德鲁伊教的教义、历史、仪式记载的资料非常稀少，考古学家只能在森林、神坛、庙宇等据说是德鲁伊教徒生活、出没的遗迹中找到一点蛛丝马迹，在有关德鲁伊教记载的史书中，德鲁伊教往往被描述成野蛮而又血腥的教团。其实，德鲁伊教士因掌握天文、地理、医学、历史、诗歌等各种知识，有着很高的道德修养，是公认的古代智者。尽管德鲁伊教从不把自己的教义以文字的形式记载下来，但他们也有自己的文字符号——欧延文字（Ogham）。欧

◎ 据说"巨石阵"也曾是德鲁伊举行仪式的地方

延文字仅见于凯尔特石刻、木刻中，共有 25 个字母（有传为
20 个字母），每个字母对应一颗圣树。

　　大德鲁伊在德鲁伊教中拥有至高无上的权力，也是德鲁
伊教仪式的主持者。德鲁伊教的仪式非常神秘，大多选在夜深人
静的无人旷野或人迹罕至的密林深处等地举行，这与德鲁伊
崇尚自然的教义有关。正如前面所说，每个月的第六日、新
月和满月的日子，是德鲁伊教的神圣吉日。据 18 世纪德鲁伊
运动的奠基人威廉·斯图克里称，位于大不列颠的"巨石阵"
（stonehenge）是德鲁伊祭司在旷野的祭坛。"巨石阵"一度被
认为是"梅林"（merlin）所建，梅林泛指德鲁伊教团中的巫师，

◎《魔兽世界》中德鲁伊变成的狼人

具有操纵猎鹰的能力。在《圣杯传奇》中曾有记载说，为了纪念亚瑟的伯父，梅林唱起了一首魔法歌谣，于是，远在爱尔兰的巨石们，在歌谣的召唤下，纷纷飞来，在 Salisbury 平原落地，一夜之间就落成了巨石阵。这种说法的根据在于，巨石阵所采用的石头都是天然未经任何加工的自然石，与德鲁伊教的自然崇拜吻合。

德鲁伊相信灵魂不灭和轮回转生。"3"是德鲁伊教中一个有特殊含义的数字，象征着轮回的 3 个目的：一是将万物的属性凝聚于灵魂；二是掌握天地间所有的知识；三是正义战胜邪恶的力量。正如前面所说，

德鲁伊的魔法力量来源于与自
然的融合，从自然中获取力量。

传说德鲁伊教徒的技能分
为三类：元素魔法、变身技能、
召唤能力。他们能够呼风唤雨，
控制火，甚至可以控制植物和
动物，比如乌鸦、野狼、蔓
藤等。而他们自己，也有变形
成各种野蛮动物的能力，比如
狼或者熊，都是他们变成的形
态，为的是获得狼或者熊的力
量，在战斗中变得凶猛无比。

也正是基于德鲁伊教徒传
说中的这种能力，后来，当基
督教逐渐占据统治地位后，在
德鲁伊教已销声匿迹了很长时
间的中世纪，很多人依旧被指
控受到德鲁伊先知的指引而变
成了狼人。

公元 1 世纪，罗马帝国入
侵凯尔特人，在这场战争中，
德鲁伊教师身穿黑袍，跳跃在
凯尔特的军队中，咆哮着天神
的名字，刺耳地咒骂着罗马帝
国。罗马战胜后，德鲁伊教士
被残杀殆尽，在那片德鲁伊视
为神圣的森林里，到处是德鲁
伊教士的尸体。德鲁伊教从此

◎ 新时期的德鲁伊

一蹶不振，沉寂了几个世纪。

直到18世纪，欧洲才又掀起了德鲁伊复兴运动。1717年，剑桥大学考古学家、英国国教会牧师威廉·史度克里和约翰·托兰重建德鲁伊教，后来者恢复了德鲁伊的古教条。随后，许多地区都兴起了德鲁伊复兴运动，但纵观后来这些组织，都与最初的德鲁伊教有着很大的不同，许多组织至今仍活跃在各个领域。

巨石阵（stonehenge）

又称索尔兹伯里石环、环状列石、太阳神庙等，是欧洲著名的史前时代文化神庙遗址，位于英格兰威尔特郡索尔兹伯里平原。据考古学家称，巨石阵的准确建造年代为公元前2300年左右。

这个巨大的石建筑群体位于一片空旷的草地上，占地约11公顷，由整块的蓝砂岩组成，每块约重50吨。巨石阵的主体由几十块巨大的石柱组成，这些石柱排成几个完整的同心圆，同心圆在古代象征着"完美"。巨石阵不仅在建筑史上有重要意义，在天文学上也具有重大的意义。

对于巨石阵的用途，科学界有几种说法。一为古代祭祀的场所，用于祭祀太阳神。二为史前朝圣者的康复中心。至于巨石阵的建造者和建造方法，至今仍是一个科学未解的谜。

第四章
狼人真的存在吗

你真的见过狼人吗？你相信狼人真的存在吗？也许许多笃信狼人故事的人面对这样的提问时都会迟疑了，毕竟狼一直存在于民间故事和神话传说中。

1 捕猎狼人运动

◎ 格林童话《小红帽》

在欧洲中世纪的历史上，曾有一场轰轰烈烈的猎巫运动。在大量巫师、犹太人被视为异教徒而惨遭迫害时，狼人这种传说中的生物也在这场运动中被视为异端而遭到捕杀，中世纪的欧洲瞬间涌现出大量的狼人。这究竟是一种真实的存在，还是虚幻？

狼人是否真的存在，也曾困惑着古时期的人。尽管在欧洲的许多神话故事、民间传说中，都惊现狼人的身影，但是将狼人视作一种真实存在的生物，也曾经令当时的人们迟疑不决。狼人就像中国人传说中的"孙悟空"，是编故事的上好素材，但要认为生活中真的有这么一只猴子，大家都认为那只是一个玩笑。

尽管关于狼人的传说很多、范围也很广，但一直没有一个权威的机构能够证实它是否存在，它只是一种散落在民间传说中的生物，直到它引起教会的注意。教会对它的描述始见于1605年，理查德·韦斯特甘（Richard Verstegan）是这样描述狼人的："狼人是一种巫师，他们通过在自己身上涂抹一种他们自制的油膏，或者是系上一条腰带变成狼。"

这种说法引发了 15 世纪关于狼人的大调
查，也就是在这个时期，出现了大量关于狼
人的小说作品，如大家熟悉的《韩塞尔与格
雷特》《小红帽》都是这个时期的作品，对
狼人和女巫的恐惧也是在这个时期开始蔓延
的。

到 1414 年，当时的匈牙利国王，也即
后来神圣罗马帝国日耳曼王朝的首领西吉斯
蒙德在大公会议上，促使教会正式承认了狼
人的存在。

到 16 世纪时，狼人的传说已经传遍了整
个欧洲，整个欧洲陷入了关于狼人的狂想之
中。当时的罗马宗教裁判所认定犹太人、新
教徒、巫婆、狼人都属于异教徒。于是，一
场轰轰烈烈、持续时间长达 3 个世纪的猎巫
运动在欧洲拉开了帷幕。那段时间的欧洲烈
火熊熊，笼罩在一片恐惧之中。

1484 年，教皇英诺森八世颁布的《最
高的希望》（Summis desiderantesaffectibus）
谕令，吹响了猎巫运动的号角，它赋予了异
端宗教裁判所追捕巫师、女巫合法的权力。
从 1480 年到 1520 年，在第一次大规模的
"猎巫运动"中，许多巫师、女巫被宗教裁
判所追捕。到了 1580 年前后，追捕活动逐
渐由世俗法庭接受，猎巫运动渐入第二次浪
潮，掀起了史上规模最大的一次"猎巫运动"。
在这期间，镇压更为严厉，受迫害之人也更
多，仅 1575 年到 1590 年的 15 年间，就有

◎ 教皇英诺森八世吹响了猎巫运动的号角

900多名巫师死在法国洛林省宗教法庭庭长雷米手里。

在这场旷日持久的运动中，许多人被判定为巫师，其中尤以女性为最大的受害者，曾有几千名无辜的女性被认定为女巫。宗教裁判所对她们进行了残酷的迫害和凌辱，许多人甚至被活埋或活活烧死。在德国的一个村庄里，绝大多数的女性被处死，整个村子仅剩下几个女人。

与此同时，宗教裁判所对狼人的追杀也到了令人恐怖的地步。宗教裁判所认定的这些异教徒中，狼人被认为是最为危险的，因为他是由人类变成，白天潜伏在人类周围，具有很强的隐蔽性，而狼人的主要猎物就是身边的人类及他们养的家畜；再加上狼人捕猎食物的手段极其凶残，遭到狼人袭击的受害者往往被撕扯得四分五裂，场面极其血腥。基于狼人的种种恶行，在宗教裁判所的推动下，当时的人们对狼人的恐惧发展到了歇斯底里的地步。人们根据传说中狼人的外貌特征，将那些眉毛长得连在一起、手掌多毛、牙齿突出的人统统视为狼人，还有人告发自己性格孤僻的邻居为狼人，而那些被动物收养的野孩子，更是不由分说地，都被列入了狼人的行列，成千上万的人被屈打成招。那时候的人们普遍相信狼人的毛长在皮肤下面，狼人通过把皮肤翻过来变回人形，所以在拷问时，

◎ 中世纪的女巫在法庭上接受审判

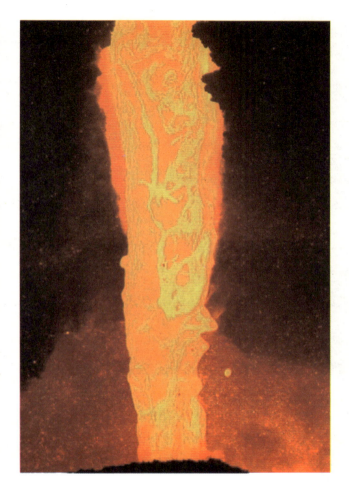

◎ 许多人被活活烧死在火刑柱上

常常会将犯人的皮肤割开，翻过来查看下面是否有毛发。在严刑
逼供下，仅在1520年到1630年间，法国就有3万多人被认定是
狼人，并处以火刑。

　　教会对狼人的排斥和打击，用美国《圣杯传奇》的作者劳伦
斯·加德纳的一段话可以做出解释：

　　月亮的存在是对基督教"上帝是唯一的神"的教义的挑战，

◎ 月亮下的黑暗会对教会产生威胁

而狼与月亮之间，历来有着某种默契，同时又与德鲁伊有关联。月亮在西方传统中，掌管着法术，她的阴晴圆缺造成了地球的潮汐，每当圆月引起"高潮"时，狼就会对着月亮嗥叫，开始变身。狼与黑夜的链接有着非同寻常的意义，因为黑夜意味着下意识与阴影。黑夜的能见度很低，即使是熟悉的事物也变得模糊，所以存在着一种不确定性。黑暗中隐藏着秘密，而在基督教的传统中，隐蔽的东西意味着秘密，而秘密又被视作是不祥的，因为它挑战着基督的权威。因此，黑暗意味着不好的一面，根据教会的教义，狼人是那些被黑暗势力控制、成了撒旦的奴仆的人的一个象征。

在这场运动中，有一个不得不提的人物，他就是彼得·斯塔布（Peter stubb），西方人认为他是这场运动中狼人被视为邪恶的开端。

1573年，在德国科隆，一名叫彼得·斯塔布的男子在严刑逼供下，承认自己是一个狼人。年近40岁的彼得·斯塔布在法庭上承认，在他12岁的时候，就与魔鬼签订了一个协议，魔鬼送了一条具有魔力的腰带给他，系上这根腰带，他就能变身成"一匹贪婪的狼"，"强壮有力，牙齿尖利，身材巨大"。在此后的20年里，他杀死13名儿童，两名孕妇，喝了她们的血，并吃了她们的肉。他甚至承认他杀死了自己的儿子，还有许多的野兽。他吸食了所有他的猎物的血肉，用他自己的话来说，他是一个十足的"贪得无厌的吸血虫"。

据说，有一天晚上彼得·斯塔布又一次系上那条腰带变成狼行进在林间的时候，他遇到了一个猎人，就在那时，他的腰带滑落，变回了人形，被猎人发现了他变狼的秘密。而那条腰带，据说怎么也找不到了，人们猜测，应该是魔鬼把它收回去了。

后来，法庭判决彼得·斯塔布死刑，在被送上断头台之前，还要对他施以酷刑。

这是德国历史上一个真实的案例，1590年的时候传到了英国。后来，邪恶狼人的故事传遍了欧洲。

但为什么狼人会与巫师一并被列为异端？狼人与巫师之间有什么样的联系呢？

英文中巫（Sorcery）一词，来源于法语中的"sor"，指的是那些能够通过祭祀或者象征性的

◎ 1600年，布鲁诺被宗教裁判所烧死在这个广场

仪式来改变他人命运的人，在巫师界，有将咒语施加在他们身上害人的，被称为"黑巫师"，也有用咒语对抗邪恶力量、保护自己和他人的，被称为"白巫师"。所以巫师这一形象并无正邪之分。

中世纪的宗教裁判所将巫师，尤其是女巫定义为异教徒，有其背后的历史背景。1487年5月9日，一本被称为宗教裁判所猎巫手册的《女巫之锤》问世了。该书由异端裁判所的裁判官海利奇·克拉玛和雅各布·史宾格撰写，他在书中第一次将女巫与"与撒旦订立契约"、"崇拜恶魔"、"淫乱聚会"、"害人的黑魔法"等划上等号，女巫也由此

◎ 许多女巫被定性为异教徒遭到审判

成了魔鬼的化身。很多身上有胎记的女性，被认为是魔鬼的记号，往往遭到裁判所的审判。

正如前面所说，巫师是一些有神秘力量、能够改变他人命运的人，在传说中，巫师能化身为一匹狼，也可以通过咒语将他人变身为狼；在很多故事中，巫师还可以将特定的植物、混合着由人体提炼出来的油以及蝙蝠的血制成膏药，人通过将膏药抹到身上就可以变为狼人……

于是，对女巫的捕猎继而进一步扩大到狼人，一场对女巫和狼人的追捕行动在欧洲展开，并持续了达 3 个世纪之久。这个时期，在欧洲的许多国家，如普鲁士、利沃尼亚、立陶宛等国家，狼人是一种比"真正真实的狼"还具破坏性的东西。英国在 1600 年的时候，还能见到狼的影子，到了 1680 年，狼这种生物几乎就在英国绝迹了。

知识链接

《女巫之锤》

该书由斯特拉斯堡（strasbourg）的普勒斯（Jean Pruss）出版社出版，是魔鬼文献中最成功的著作之一。在 17 世纪以前，这本书是追捕女巫的基本手册，教导宗教裁判所判官如何侦查女巫的罪行，同时提供镇压巫术的理由，书中将女巫分为两类：一类只会占卜，这类女巫的罪行较轻；另一类罪行很重，他们往往是背弃天主，成了魔鬼的奴仆，这些女巫不可宽容对待，可判处火刑。这有悔意者，法庭可较为宽厚处理，先绞死然后再施以火刑。本册子分为三个部分：第一部分阐释了铲除女巫的必要性；第二部分指出了女巫的各种罪行，同时还给出了消弭的方法；第三部分指明了审判女巫的司法程序。该书出版后畅销一时，曾多次因脱销而再版。

2 捕狼运动背后的正统异端之争

　　中世纪（Middle ages）的欧洲并不是一个诗意的时代。在欧洲历史中，"中世纪"指的是公元 476 年西罗马帝国灭亡至公元 1453 年东罗马帝国灭亡这一历史时期。这个时期的欧洲，封建割据造成战事不断，科技和生产力的发展陷入停滞，大瘟疫的爆发更是将欧洲笼罩在一片死亡的阴影之下，人民生活在毫无希望的痛苦中，所以中世纪也被称为欧洲历史上的"黑暗时代"。长期的社会动荡与自然灾害的双重夹击使得社会积蓄的不满与仇恨日益增长，迫切需要一个突破口，而这个突破口

◎ 中世纪欧洲的生活

就是猎巫运动。

首先，在宗教方面，罗马帝国灭亡之后，法兰克王国国王克罗维于 496 年皈依基督教。为了利用基督教作为统治和扩张的工具，他给了教会大量的土地，目的是为了拉拢当时西方世界唯一有文化的教士阶层。随后，基督教随着法兰克王国的扩张而传播到了西欧。到了 8 世纪中叶，为了报答教皇撒迦利亚的支持，法兰克国王将拉文纳至罗马的大片土地赠与教皇，由此开创了一个教皇国。至此，教皇国的权威开始延伸至世俗领域。教皇参与世俗政治最鲜明的例子就

◎ 十字军东征是一场侵略战争

是十字军东征。"十字军东征"本是一场侵略战争，其本质是西欧封建领主和商人为掠夺财富和打通东方商路而发起了这次战争，而教皇乌尔班二世却打着收复圣地的旗号，给一场本该遭到谴责的侵略战争披上了宗教的外衣。

教皇对世俗领域的干预必然会引起与世俗政权之间的冲突。教皇对世俗政治的干预逐渐深入，并在 13 世纪教廷成功地举办了犹太历第 1300 年的朝圣活动后，一度达到顶点。教皇高估了自己的实力，与法王腓力四世发生了正面冲突，斗争以教皇失败而告终。从 1305 年到 1378 年间，教廷先后出现了 7 位法籍教皇，并于 1308 年起被迫前往法国阿维农村，史称"阿维农之囚"。1378 年，教皇回到罗马，由于内部出现了亲法派和亲意派，开始了长达 40 年之久的"天主教会

◎ 阿维农。教廷被迫前往阿维农，史称"阿维农之囚"

大分裂"。

宗教的动荡与政治的纷争互为因果。教廷与世俗政权的抗衡阻碍了西欧的统一进程，连连不断的战事使欧洲的科技、经济陷入停滞，人民生活困苦不堪。

"天灾人祸"是当时欧洲的真实写照。人为的战争之余，瘟疫也犹如魔影一样笼罩了欧洲。在广泛传播的关于狼人与吸血鬼起源于中世纪的一场瘟疫的传说中，我们可以隐约从中看到当时瘟疫在欧洲肆虐的情况。

黑死病给中世纪的欧洲留下了深刻的印记。1346 年到 1350 年间，黑死病像阴云一样笼罩了欧洲的大部分地区，在短短的几年时间里，欧洲约有 2500 万人死亡，人口急剧下降。随着人口的下降，劳动力变得稀缺。

◎ 黑死病像阴云一样笼罩在欧洲人的心头

为了吸引更多的劳动力，地主不得不提高待遇，大大地提高了平民的社会地位。在许多平民中，"自我价值"的意识开始觉醒，当时许多国家明文规定雇主不得抬高雇工的报酬，但许多劳动力根本无视这条规定，任何人想雇佣他们，必须给出比往年高很多的报酬，否则，就让你眼睁睁地看着庄家或者果实烂在地里。在基督教一统天下的欧洲，这种"自我价值"的意识无疑是对它的一种挑战和威胁，在人们完全被基督思想所控制、处于蒙昧状态的时候，这种"自我价值"意识无异于星星之火，如果不及时地扑灭，势必会形成燎原之势。

战事不断、瘟疫、饥荒使整个欧洲陷入了激烈的矛盾中，教廷内部也出现了反省的声音——而这种声音将各种灾难的发生归咎于教会本身的腐化和对异端的宽容。所谓异端，指的是与神学观点和占统治地位的正统理论相左的派别。中世纪时，社会动荡不安，贫苦农民、城市平民和新兴市民不断兴起异端派别反对教廷。在这种背景下，教廷利用新成立的多明我会和方济各会组成异端裁判所，对异端进行镇压。但长期以来，对异端的镇压活动并为形成很大的规模，原因就在于，根据《圣经》，教会不宜承认"巫术真的存在"，因此也没有赋予异端裁判所以法律权限。

◎ 瘟疫给欧洲带来巨大的灾难

直到亚维农教廷时期，各种社会矛盾的激化迫切需要找到一个出口，于是在权力不对等的情况下，本与宗教没有冲突的巫术，被摆在了宗教的对立面，成了它的敌人。所以，从某种程度上而言，巫术是一种虚构的犯罪。

从当时审讯女巫的一些供词中，我们也能看出一些

◎ 一名女巫被活活烧死

端倪。比如审判官问案时，多围绕着"为何造成气候异常"、"为何造成邻人的家畜死亡"等问题，成功地将矛盾转嫁到了女巫身上。于是，大批女巫被投进监狱，很多人被绑在火刑柱上，活活烧死。

由于女巫被认为拥有一种将人变成狼的本领，所以很多在那个时期长相奇特、有缺陷的人，以及一些因为传染疾病造成外观狰狞恐怖的人和出现变狼幻想的人，都被视作异端处死。

这是一场集体歇斯底里的疯狂，直到进入18世纪，理性才得以发出响声，将欧洲从疯狂的状态中唤醒。

首先对这场疯狂运动提起批判的是维尔（Jeanwier）医生，他在1563年发表的《魔怪的幻想、咒语和毒药》一文中表示，撒旦和巫师也许都真的存在，但那些被宣判为女巫的人，大多是病态的普通人罢了，她们需要的不是法庭的审判，而是治疗。但当时的猎巫者处于一片狂热、情绪高亢的状态中，维尔医生的声音显然太微弱了。

在狂热并未消退的时期，理性的呐喊总被视为异端，不少开明人士也因此献出了自己的生命。德国耶稣会的教士史派神父（Fr.Spee），高弗里迪（Fr.Gaufridi）神父、格朗迪埃（Fr.Grandier）和布列（Fr.Boulle）神父均因替无辜的村妇伸冤而招来杀身之祸。他们的生命换来了黎明的曙光，许多人开始对这场运动进行反思。

到 1657 年，教皇亚历山大七世公开要求法庭审慎对待巫案，嘉布遣会的多顿神父更是以《魔法师和巫术问题——文人不信和愚民轻信》这部著作，将人们的思想重新引入了理性的轨道。

进入 18 世纪后，人们重新回归到科学和理性的状态，"猎巫运动"就此宣告结束，历史上血腥的一页终于被翻过去。

◎ 亚历山大七世要求法庭审慎对待巫案

知识链接

黑死病（Black Death）

黑死病是欧洲人的称呼，即为流行性淋巴腺鼠疫，这是一种以老鼠和跳蚤为传播媒介、传播速度极快的传染病。大约在 1348 年前后，这种鼠疫由十字军带入欧洲，随即在欧洲引起一场毁灭性的瘟疫。黑死病的症状之一，就是患者的皮肤上会出现许多黑斑，所以人们将它称为"黑死病"。黑死病对欧洲造成了毁灭性的打击，约有 2500 万欧洲人因此而死亡，给当时社会的各方面都以沉重的打击和深远的影响。

3 现代狼人传说

◎ 丹尼·拉莫斯·戈梅兹从小浑身就长满了毛发

回顾了中世纪欧洲的捕猎狼人运动之后，我们发现那不过是欧洲历史上的一次残酷杀戮的借口，狼人究竟是否真的存在，仍未有答案。当时间的车轮继续往前，狼人越来越只是古老传说中的传奇时，现代都市却惊现狼人的身影，且不论是真是假，不妨先去看个究竟。

墨西哥狼人，家族遗传的无奈现年27岁的墨西哥小伙儿丹尼·拉莫斯·戈梅兹和哥哥拉里从小是在一个叫"怪物秀"

◎ 长大后的丹尼·拉莫斯·戈梅兹

◎ 狼人也能收获爱情

的展览团里度过的。因为他们一出生，全身就覆盖着浓厚的黑色毛发，像极了传说中的恐怖"狼人"，于是，他们被关在一个笼子里当做"狼孩"展览。

丹尼和拉里并不是家族中唯一的"狼人"，他们的祖母携带了这种基因，将它遗传给了自己的孩子。在丹尼这一代中，哥哥拉里、堂姐妹莉莉和卡拉、亲妹妹贾米都是"狼人"，而在他的下一代里，6岁的侄女丹尼拉也遗传了这种基因。

因为自己的外形，丹尼小时候常被视为"怪物"，周围的人把他当成狼，甚至有人朝着他像狼一样嗥叫。尽管饱受歧视与嘲笑，丹尼却是小朋友们的最爱，每当他表演时，小观众们向来不吝啬自己的欢呼和赞美，他们从不认为丹尼是怪物，相反，他们都为他的高超技艺而折服。

墨西哥遗传学专家路易斯·菲格拉斯认为，丹尼家族并非

◎ 著名的"胡子夫人"茱莉亚·帕斯特罗娜

传说中的狼人，而是患上了一种叫做"狼人综合症"的遗传病。他们既不会像传说中的狼人一样在月圆之夜变身，也不会变得兽性大发危害人类。

在人类进化的进程中，有一些不必要的基因会渐渐地退化、消失。但是在某些时候，一些已经消失的基因会突然开始出现，这就是在人类身上发生的返祖现象。"狼人综合症"与 X 染色体有关，也就是说，女性基因携带者，她的后代有 50% 的可能性会患上"狼人综合症"，而男性基因携带者的后代中，女孩 100% 会遗传这种基因，而男孩则不会发病。"狼人综合症"非常罕见，患病的概率只有一百亿分之一，自 1648 年发现首例"狼人综合症"患者以来，全世界只有 50 人被诊断患有此病。

狼人综合症是非常罕见的一种疾病。历史上最早的关于狼人综合症的记载，始见于法国国王亨利二世时期。1547 年的时候，亨利二世收到了一件特殊的礼物——一个浑身长满了金色毛发、只露出嘴巴和眼睛的小男孩，这个名叫佩德罗·冈萨雷斯的 10 岁男孩出生于加那利群岛（Ganary Island），后来他还娶了一位可爱的法国女孩为妻，并成了多个孩子的父亲。他的孩子中，有 5 个遗传了他的这种基因缺陷。

在 19 世纪初，曾有一位著名的"胡子夫人"，也就是传说中的狼人。"胡子夫人"

的本名为茉莉亚·帕斯特罗娜（Julia Pastrana，1834年~1860年），是一个旅行马戏团的成员，以在唱歌、跳舞的同时卖弄自己奇特的长相而吸引观众。茉莉亚的父亲是一位在森林中研究野生动物的学者，她生下来后，除了手掌和脚掌外，浑身都长着密而硬的毛，父亲因此抛弃了她。后来茉莉亚遇到了西奥多·雷恩特（Theodore Lent），西奥多不仅收留了她，后来还与她结成了夫妻，并于1860年产下了一个遗传了茉莉亚特征、浑身是毛的女婴。女婴仅存活了35个小时后就夭折了，不久，茉莉亚也去世了。丈夫雷恩特将她的遗体做了防腐处理，据称目前仍保存在挪威的奥斯陆医学院研究所。

从现存的照片中可以看到，"胡子夫人"不仅长着很浓密的毛发，她的长相也是她被称为狼人的一个原因：大而突出的嘴巴，厚厚的嘴唇，宽阔而扁平的鼻子。后来的科学家根据她的特征判断，她实际上也是患上了"狼人综合症"。

在泰国和中国、波兰、德国、俄罗斯等地，也发现了"狼人综合症"患者。10岁的泰国女孩苏帕特拉·萨素芬还在母腹中的时候，医生就告诉她的妈妈索姆芬，这是一个有许多毛发的孩子。但是，当苏帕特拉出生后，索姆芬第一次看见她时，依旧被惊呆了——苏帕特拉的脸和背部被浓密的黑色毛发覆盖着，就像是传说中的"狼人"。在邻居们好奇与歧视的目光中，苏帕特拉长成了一个自信活泼的小女孩，她开

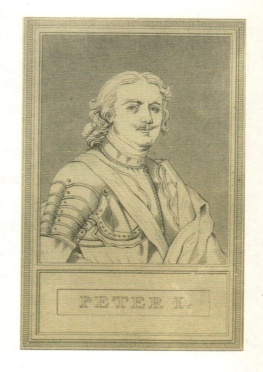

◎ 彼得一世

朗的性格改变了邻人们对她的态度。

在中国的辽宁省也曾出现过"狼孩"，他的出生曾一度引起轰动，受到了来自世界的关注，还被吉尼斯纪录评为"世界毛发覆盖最多的人"。

后来，曾有影视公司为他量身定做了《小毛孩夺宝奇遇记》，成为当红童星，从此走上艺术之路。

俄罗斯狼人，来自远古的诅咒

如果说以上的狼人都只是"遗传基因惹的祸"，揭开基因的面纱，这些狼人就没有什么神秘色彩，那么接下来俄罗斯发现的狼人，则多了一份传奇色彩。

2006年，俄罗斯《真理报》刊出一条爆炸性新闻：一名警官自称自己的家族属于传说中的狼人家族。

1975年，列昂尼德·克里舍夫斯基出生于俄罗斯彼尔姆地区安利普罗镇一个名叫利得里德契尼卡的村子。在克里舍夫斯基的记忆中，每当月圆之夜，父亲就变得异常暴躁，眼睛在黑暗中发出荧荧的绿光，喉咙中还有奇怪的低吼声。在他10岁那年，列昂尼德发现了父亲的秘密——在一个月圆之夜，父亲独自跑到一片无人的空地上，对着月亮发出阵阵嗥叫，那声音在寂寥的旷野听起来像狼的嚎叫声，令年幼的列昂尼德惊恐不已，这成了他多年来压在心底的一个秘密。

自列昂尼德十几岁起，同样的变化也发生在他身上——头疼欲裂，情绪焦躁，富有攻击性。他的身体也出现了变化，脸型变尖变长，身上也长出了细密的、浅灰色的绒毛，手指弯曲变长，嗅觉、听觉变得异常灵敏。他发现，他的家族中所有的男性都长着灰色皮肤，脸上有绿色标志。

列昂尼德无法解释这种家族特征，直到父亲去世后，这个秘密才被祖母揭开。

1996 年，列昂尼德的父亲意外去世。21 岁的列昂尼德在葬礼的前夜目睹了一个恐怖的场面：祖父将大把烟丝塞进了父亲的嘴里，随后用一把尖刀将父亲的脚筋挑断。做完这一切后，祖父告诫列昂尼德和他的弟弟不得将当天所见向外人透露。

面对疑惑不解的列昂尼德兄弟，祖母向他们揭露了一个家族的惊天秘密——他们属于远古狼人的一个分支。

事情要追溯到家族中一位名为基里连科的祖先。

◎ 吉普赛人被认为擅长巫术

当时俄国还处在彼得一世的统治之下，基里连科是列特里特伯爵身边的卫士，在一次决斗中，他刺死了宫廷卫士洛夫亚德，遭到了洛夫亚德的妻子赛丽莱，一位吉普赛炼金术士的诅咒。她诅咒克里舍夫斯基家族的后代世代都为豺狼！赛丽莱曾是埃及非常恐怖的巫师，据说，经她打造而成的宝剑能隔空伤人。后来在埃及宫廷内部的斗争中失败了，她逃往俄罗斯，与彼得一世的卫士洛夫亚德结了婚。

遭到诅咒的基里连科带着彼得一世授予的骑士宝剑，离开了圣彼得堡前往基辅。他以为，远离了圣彼得堡。也许就远离了赛丽莱的诅咒。然而，诅咒在基里连科的后人中一个个应验了：先是基里连科的第四个儿子邦德突然疯了，他像一只疯狼一样发出嚎叫声，见人就咬，渐渐地，他的身上还长出了一层灰白色的毛，样子看起来像极了大灰狼。接着，诅咒接

◎ 基辅。列昂尼德的先人曾在这附近居住

二连三地在基里连科的后人中应验，基里连科的一个
孙子身上也长出了灰白色的毛。

也许是赛丽莱的巫术太强大了，没有巫师能够破
解她的诅咒。他们告诫基里连科，家族中每一个狼人
死后，都要将其脚筋挑断，以避免他成为吸血鬼伤人。
这成了家族中守口如瓶的秘密。

知道这个秘密之后，列昂尼德试图揭开赛丽莱诅
咒的真相，以解除这个施加在他们家族身上的诅咒。
由于历史久远，列昂尼德在图书馆中翻阅了很多天，
才找到当年祖先们居住过的阿曼城堡。凭着书中的
描述，他在位于基辅城 300 公里外的一片荒野中，
找到了原来的阿曼城堡。阿曼城堡早已成了一片废
墟，列昂尼德在废墟中试图寻找到蛛丝马迹，最后
在一块尚未坍塌的城墙上看到一幅奇怪的画：画中
一名女子被压在一块石头底下，女子的胸前还刻着
几个阿拉伯文的文字。经查证，那几个字为"赛丽莱"，
正是那名女巫。

2006 年，在莫斯科大学人类遗传学家甫克洛的陪
同下，列昂尼德再次来到阿曼城堡，并在废墟底下发
现了一个地洞。除了几只硕大无比的老鼠之外，他们
此行一无所获，还意外地病倒了。

联想到那几只大老鼠，列昂尼德猜测地洞中有放
射源。于是，另一队人马带着测量仪器再次来到阿曼
城堡，他们在洞穴尽头的一块石板下面探测到了辐射。
钻开巨石，人们发现了一把油布包裹着的宝剑。经检
测，这把宝剑就是放射性射线源。

但是在彼得一世在世时对外馈赠的记载中，人
们并没有找到关于这把宝剑的任何记录。人们猜测，

宝剑是赛丽莱借彼得一世之名送给基里连科的，她将对克里舍夫斯基家族的诅咒都藏在了这把宝剑里——在打造宝剑时，赛丽莱加入了能致人体发生变异的放射物质。克里舍夫斯基家族的后人在不断接触宝剑的过程中，造成了基因的突变。

这种解释似乎回答了克里舍夫斯基家族"狼变"的原因，但是却无法回答一个新的问题：为什么在远离放射源之后的多年里，克里舍夫斯基家族依然会有狼人出现？

知识链接

吉普赛人（Gypsies）

吉卜赛人也叫冈茨人，是一个过着流浪生活的民族。原住印度西北部，10世纪前后，由于战乱和饥荒开始向外迁徙，后来，吉普赛人遍布世界。热情、奔放、洒脱、不受拘束是这个民族的特点，占卜师是吉普赛人的一个传统行业，流行甚广的塔罗牌就是从吉普赛人那里传来的。

目前全球共有1200万吉普赛人，其中1000万分布在欧洲。他们居住在大篷车中，靠卖艺或给人占卜为生。吉卜赛人有自己独特的传统，他们不与外族通婚。在各个国家有不同的吉普赛人"部落"，但他们居住的比较分散。在历史上，吉普赛人受到许多苦难。如同犹太人一样，二战中，50万吉普赛人被送进了集中营。

吉普赛人在身份上得不到承认，人类学家和语言学家在吉普赛人是否是一个单一的民族这个问题上争执不休。最新的科学研究表明，尽管吉普赛人有不同的部落，但仍是一个单一的民族。

4 狼语者，零距离与狼接触

    进化使人类从大自然中脱离出来，原先与豺狼虎豹等为邻的人类，在远离森林的地方建起了自己钢筋水泥加固的家园，那些旧日的邻居，也只有在动物园的笼中才得远远的一瞥。狼因为其凶猛、残暴，让人敬而远之，尤其是在人类发展的过程中，狼时常袭击人类的家禽，一度被视为敌人。但还是有那么一些

◎ 肖恩·艾利斯像狼一样与狼群相处

人，他们重新回到了人类离开森林前的状态，混迹于狼中间，像狼群中的一个新生儿一样，学习狼的语言、生活习性，成了彻头彻尾的"狼人"。

英国男子肖恩·艾利斯就是这样一位通晓狼的语言、熟悉狼的习性的人。10多年来，肖恩·艾利斯一直以狼的身份混在狼群中，他与狼同吃同住，学会了狼的语言，并努力揣摩狼的思维，以狼眼看世界，是全世界享誉盛名的"狼语者"。美国《国家地理频道》将他的故事拍成纪录片《狼群中的男人》（A Man among Wolves），展示了肖恩·艾利斯是如何与狼零距离接触的。

肖恩·艾利斯是一位动物保护专家，自小就与狼有特别的缘分。他曾在美国爱达荷州与一名美国本土印第安人一起，与狼群共同生活了9年。在印第安人的指导下，肖恩学会了与狼进行沟通交流的技巧。后来，一次偶然的机会，肖恩收养了3只被遗弃的狼崽，有了之前与狼共同生活的经历，肖恩做出了一个非同寻常的决定——像狼妈妈一样抚养这3只狼崽。

于是，肖恩开始了与狼零距离接触的生活，这是一个需要耐心和经受考验的过程。为了取得狼的信任，肖恩学会像狼一样以四肢行走，把自己弄得脏兮兮的，只为了引起狼的注意。不时地，肖恩还要经历来自狼群的考验，比如，与狼群抢食生肉，

◎ 肖恩·艾利斯著的《狼语者》

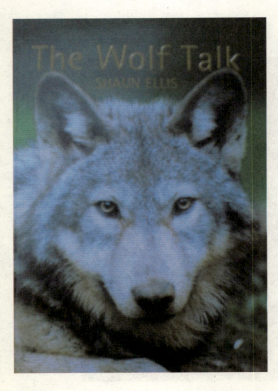

◎ 不同的面部表情可以传达不同的含义

被狼叼起来，与狼格斗以考验你是否是一只合格的"狼"。在经受了种种考验之后，狼会以它们特有的方式来表达对肖恩的接纳，它们会在吃得心满意足的时候，用舌头舔舔他的脸，以增进感情。

在与狼一起生活的过程中，肖恩还学会了狼的语言——仰天嗥叫。这可不是简单吼几嗓子就可以了，肖恩将狼的三种常见的嗥叫归纳为：定位嗥叫、战斗嗥叫和驱逐嗥叫，每种含义不同的嗥叫，以声音的大小和抑扬顿挫的不同来区分。为此，肖恩·艾利斯还根据自己对狼的语言的理解，

出版了《狼语者》一书。

在美国《国家地理频道》的纪录片中，我们看到一个完全以狼的方式生活的肖恩。他与狼群一起抢食时（肖恩并不会生吃牲畜的尸体，他只是将他的食物装在塑料袋里藏在牲畜尸体中，他抢的食物不过是那个塑料袋而已），双腿跪地，仰起脖子与狼一同长啸，以此向狼群传达自己的情绪。配合身体姿势、面部表情，肖恩的嗥叫中传递出了多重含义，有时候可能在跟周围的狼群说："嘿，这是我的，别跟我抢"，有时可能在向旁边的狼说："哈，真美味啊。"身旁的狼会以舌头舔他的脸作为回应。

要真正的融入狼群，不光要熟悉狼的生活习性和通晓狼的语言，还要学会以狼的思维，通过狼眼来看世界。

在狼的世界里，也有着分明的等级和社会分工，狼群中的"老大"是不可以轻易挑战的。狼也很聪明，肖恩曾见过狼在带电的栅栏上放东西，让电线短路，然后穿过栅栏进去捕猎里面的牲口。

"与狼共舞"的日子里，肖恩性格中人类的情绪完全被藏了起来。当他离开狼群后，有很长一段时间难以适应与人类进行交流。因此，在纪录片中，肖恩也向世人发出警告，没有经过训练的普通人不要轻易尝试。

肖恩并非唯一与狼亲密接触的人，在中国，还有一位"对狼弹琴"的罗勇。

2001 年，毕业于四川农业大学的罗勇，带着与动物为友的念头，走进了永川野生动物园，成了一名"狼倌"。在与狼的长期相处中，罗勇渐渐地从狼的嗥叫、眼神中读懂了狼的感情，了解了狼的特点。在他看来，狼与人类一样，也是有着丰富的情感的。他发现，狼能读懂人心，如果一个人在狼面前表现得惊恐，就会引起狼的警觉，人要赢得狼的信任，先要信任狼。

　　为了取得狼的信任，他向狼群伸出双手，不断地鼓励他们，甚至学"狼语"与狼进行交流，最终赢得了狼的信任。

　　爱是不分年龄、种族的，爱可以融化人与人之间、甚至是人与动物之间的坚冰。罗勇能博得狼的信任，与他对狼发自内心的真挚的感情是分不开的，在罗勇和狼之间，还有一个"对狼弹琴"的故事。故事中的小狼叫"秀袖"，曾是一只被母狼遗弃的狼崽，在罗勇的悉心照料下，"秀袖"被从死亡的边缘拉了回来。从此，它与罗勇形影不离，成了他的影子。

◎ 罗勇与秀袖一弹一唱

　　每当罗勇抱着吉他独自弹唱时，"秀袖"总是在身边专注地聆听，时而伸出它的小爪子拨弄琴弦，时而合着曲子哼哼起来。令人叫绝的是，每当罗勇弹唱起《北方的狼》，"秀袖"就会心领神会地仰天长啸，与罗勇一唱一和，配合得天衣无缝。

　　这种人与狼和谐共处的例子并不多见，但却为人与自然界生物的相处提供了一个借鉴。在一期介绍罗勇与狼的电视节目的最后，罗勇舒展四肢，在前面奔跑着，后面，一群狼在他的带领下，徐徐前行……场面十分温馨。人与自然，人与自然界中的动物，曾经也是如此和谐地相处过，但是在人类脱离了大

◎ 罗勇喜欢被狼追逐的感觉

自然之后，却与过去的这些自然界的朋友剑拔弩张，成了征服与被征服的关系。在这种关系的背后，折射出来的是一种人类自我中心主义，也许只有当人类的心态重新回到过去，像肖恩·艾利斯和罗勇一样，把自己放在与动物平等的位置，与它们做朋友，才能重新回到和谐状态。

知识链接

狼嗥叫传达的意思

狼对着月亮嗥叫是人们非常熟悉的场景，但是狼的嗥叫究竟是一种无意识的行为，还是拥有特殊的含义呢？生物学家研究发现，狼通过嗥叫传达出几层意思。首先，狼嗥是为打破等级界限提供时机。其次，狼嗥是狼与狼之间相互联系的一种方式。狼的嗥叫声可以传出很远，与远处的同伴取得联系，或者向附近的狼群发出信号，告知自己的存在。狼群的嗥叫有特定的方式，一般来说，先是一只狼嗥叫，接着一两秒钟之后，第二只狼开始嗥叫，之后又有一两只狼跟着嗥叫起来，最后是群狼同嗥。狼群的嗥叫最忌讳的就是"和谐音"，也即狼不喜欢与同伴发出相同的调子。这种偏好可能是为了向周围的动物发出一个信号———一种"狼多势壮"的错觉。

世界各地目击狼人报告

在现代社会，遇见狼人恐怕成了一种奢望。不过，还是会有人说自己见到了狼人。

关于现代狼人，流传的最多的莫过于"狼孩"了。在那些狼孩的故事中，最引人注目的恐怕就是1920年在印度发现的"狼孩"姐妹了。

◎ 卡玛拉和阿玛拉

1920年，在印度的加尔各答东北的一个叫米德纳波尔的小城，人们时常看到两个"神秘的生物"在山林间奔跑。直到这年的9月19日，人们打死了一匹大狼，在狼群中，发现了两个与狼群混居的女孩。她们头颅很大，披头散发，浑身赤裸，行为举止与狼无异。人们发现时，她们正跟在三只大狼后面奔跑。

最初，人们都以为这是妖怪，恰巧一位来自美国的传教士辛格发现了这两个女孩，他将两人带到村子里，送进了当地一家孤儿院。这两个女孩大的大约7~8岁的样子，小的3岁左右，辛格分别给她们起名为卡玛拉和阿玛拉。

这两个从小就与狼在一起生活的狼孩完全秉承了狼的生活习惯，竟也有了一些狼的特征。她们只会用四肢行走，走路时膝盖和手着地，快走时，则是以手掌和脚掌同时着地。惧光，白天躲起来，喜欢在夜晚活动，在黑暗中目光锐利炯炯有神，到了晚上三四点的时候，会像狼一样引颈长啸。她们怕水、火，也不愿意与人接近，但对猫、狗一类的动物有亲近感。喜欢吃肉，而且是像狼一样，将食物放在地上，然后用牙齿撕开吃，她们的牙齿像狼一样尖锐。长期与狼一起的生活，让她们丧失了人类的情感，她们对什么都不感兴趣，饿了就会起来觅食，饱了就睡。

为了让这两个"狼孩"适应人类的生活，辛格和他的妻子一起做了很多努力，他们给狼孩穿上衣服，结果被她们用爪子撕烂。他们试图教她们说话，结果也是收效甚微。因为阿玛拉只有不到3岁，大脑尚处生长阶段，所以她在被发现后第二个月，就能开口说一些简单的字，比如会发出"波、波"的声音表达自己的饥渴。遗憾的是，阿玛拉只在人类社会活了11个月就死了。在她临死的时候，人们看到她的眼里滴下了两滴泪。

对已经7、8岁的卡玛拉而言，社会化的教育显然更有难度。她处在一个智力发展已经枯竭的年龄段，因此在她短暂的17岁的生命里，她只会说45句常用语，能够通过微笑表达自己的感情，她的智力相当于一个3、4岁孩子的水平。

狼孩让现代社会的人有了近距离接触"狼人"的机会，但散落于世界各地的一些目击狼人的事件中，人们只是在无意中看见狼人一掠而过的身影，但仅这短暂的一瞥，却也足以给人带来震撼。

在这些目击事件中，最为著名的是1958年发生在美

国德克萨斯州格雷格顿的一次事件。看到狼人的是一位名叫 Delburt Gregg 的妇女。在一个雷电交加的夜晚，独自一人在家的 Delburt Gregg 把床移到窗边，这样就能凉快点。她入睡后不久就被一阵从窗外传来的抓挠声吵醒了，接着一闪而过的闪电的亮光，她看见一个巨大的像狼一样的生物在挠着纱窗，一双布满血丝的眼睛正紧紧地盯着她。

当她从床上找到手电时，那个怪物匆匆忙忙钻进了一片灌木丛中。据她后来回忆，当她拿着手电照着

◎　在一个雷雨交加的夜晚有人看到了"狼人"出没

灌木丛，试图找出刚才那个怪物时，过了没多久，从灌木丛里走出了一个高个子的男人，他迅速地消失在了黑暗中。

1970 年 1 月，在墨西哥，一些年轻人声称在怀特沃特附近的路上遇到了一个"狼人"。一名目击者称，它大约 5.7 英尺高，移动的速度惊人的快。刚开始，这名目击者还以为是朋友在跟他开玩笑，但后来被吓坏了。于是他们关上车门和车窗，将车子开得飞快，后来有人找出一把枪把那个怪物击中了。不过现场并没有发现血，目击者称，那不可能是一个人类，因为没有人能达到那么快的速度。

1972 年 7 月到 10 月间，俄亥俄州地区的一些居民声称看到了一个像狼一样的生物。一些人称，那是一个拥有 6 到 8 条腿的巨大生物，根据一些人的描述，那是一个"人类，拥有巨大的狼一样的脑袋和长长的鼻子"；还有人称它"身形巨大，腿上布满了毛发，露出尖利的牙齿，像电影中的穴居人一样跑来跑去"。

1973 年的秋天，宾夕法尼亚州西部地区有报告称发现了类人猿一样的生物。根据目击者的描述，它"眼睛在黑暗中发出红色的光"，身高大约为 7 到 8 英尺，浑身散发着难闻的气息。另一位目击者看到的生物，身高为 5 到 6 英寸，看起来就像是一个浑身覆盖着黑毛的肌肉发达的男人。在所有这些目击报告中，这些生物都有着比鹿还敏捷的身姿，手臂超长，延伸至膝盖以下。根据它们留下的脚印来看，这些生物的步幅在 52 英寸至 57 英寸之间。

在 1989 年，Lorianne Endrizzi 驾车行驶在布雷路（Bray Road）上时，她看见一个人半跪在路边。当她将车速减慢之后，她吃惊地发现，那个东西在车子的一侧，距离她不到 6 英尺的地方正盯着她看。据她描述，那是一个浑身覆盖着棕灰色毛发的生物，"脸很长，还长了一个长鼻子，像一匹狼"，"它的眼

◎ 黑夜中的公路是狼人经常
出没的地方

睛在黑暗中闪着金黄色的光，手臂非常奇怪，手掌朝上，握紧
双手。"它的双腿在它的身后，看起来好像一个人跪在地上。
整个目击过程大约持续了 45 秒，Lorianne Endrizzi 不确定她看
到的到底是什么，直到有一天她在图书馆看到一张狼人的图片，
她才确定她在路上遇到的是一个狼人。

　　还是在这个路段上，1991 年 10 月 31 日，又有一名妇女
在这里遭遇了怪兽。据她回忆，当晚 8 点 30 分左右，当她驾
车行驶在路上时，她突然感觉车子的右前胎好像碰到什么颠
簸了一下，她停下车来朝黑暗的迷雾中望去，看见一个长满
了毛的怪物在后面追赶她。她吓得躲进车里正准备离开时，
那个怪物扑到了她的车上来。幸亏她的车很湿，那个怪物从

车上滑了下来。后来她在朋友的陪同下再经过那段路时，只看见在路边有一个巨大的身影，凝视了他们一会儿便消失在密林之中。

这类目击狼人的事件还有很多，在这些狼人或"类狼人"的目击事件中，目击者对所见的奇怪生物的描述大致相同。由于大多数都只是惊鸿一瞥，没有人能清楚地描述这种生物的细节特征，所以能提供的信息非常少，关于狼人是否真的存在的问题，仍无法做出回答。不过也有医学专家认为，所谓的狼人有可能是患上了罕见的卟啉症的患者。1964 年，英国神经学专家 L.Illis 在他公开发表的论文中认为，卟啉症患者的各种症状，"与古代文学中的狼人的描述非常吻合"。

知识链接

狼孩的故事告诉我们什么

不光是狼孩，世界各地兽孩的事情并不少见，如我们已经发现的"虎孩"、"猪孩"、"豹孩"。这些兽孩在婴儿时期就与人类社会隔绝，终日与动物为伍，已经完全接受了动物的生活方式，处在最原始的动物状态。

一些探索人类语言、智力及社会行为和习性的形成过程的人类学家和心理学家，通过研究兽孩发现，人类的知识和才能并非天赋的，是需要在实践过程中产生的，脱离了人类集体生活的环境，就丧失了发展人类习性、智力和才能的可能。所以，对于一个人而言，他的儿童时期对其身心发育尤为重要。因为，儿童时期是生理和心理上一个快速发展的时期，人一般都是在这个时期学会了直立行走、说话、学会用脑思维，如果错过了这个时期，就失去了身心发展的最佳机会。

第五章

当狼人遭遇好莱坞 ——月圆之夜的传奇

从《美国狼人在伦敦》、《狼人部队》、《黑夜传说》到最新热播的《暮光之城》，狼人的特性越来越丰满。在导演的镜头下，狼人呈现出各种不同的特质，或兽性战胜人性，暴虐无比，或人性与兽性交织……

1 初露银屏 粗粝拙朴

狼人在好莱坞第一次掀起潮流应该是在1941年的《狼人》播出前后，这个时期恰逢二战。为了迎合时局，好莱坞电影将纳粹极端崇拜的形象——狼——搬上了银幕。这个时期受制于化妆技术和电影技术，狼人都比较古朴、粗粝，没有恐怖、血腥的场景，往往还透出人性的光芒，在人性与兽性之间挣扎。

除了狼人，美国电影界的几大著名怪物吸血鬼德古拉伯爵、木乃伊、人造人弗兰肯斯坦都在这个时期诞生，狼人成功地引领了"人兽恐怖片"的潮流。

1.《伦敦狼人》(The werewolf of London)

1935年，在陆续将吸血鬼、科学怪人搬上银幕之后，环球影业公司第一次将狼人的形象引入好莱坞。在这以后，狼人逐渐成为好莱坞电影的主角，成为好莱坞狼人电影的标志性开端。

《伦敦狼人》的主人公威尔弗雷德(Wilfred Glendon)是一位知名的植物学家，1935年的时候，他从伦敦起身前往中国西藏，寻找一种神秘的植物。在西藏，一位在那边生活了多年的牧师告诫他不要到山谷里去，威尔弗雷德却不以为意。他进入山谷深处，找到了那株他梦寐以求的植物，正当他要将植物挖出来时，身后出现了一个巨大的阴影——那是一匹巨大的狼，狼扑将上来。搏斗中，狼在

◎《伦敦狼人》海报

他的手臂上咬了一口之后逃走了。

威尔弗雷德将那株神秘的植物从中国西藏带回了伦敦。这时，另一位也曾在西藏寻找这种神秘植物的植物学家找到他，声称他是被狼人咬伤的，凡是被狼人咬过的人，都会变成狼人。他还告诫威尔弗雷德，那株神秘的植物可以阻止他变成狼人。

威尔弗雷德显然并不相信狼人的存在，更不相信被狼人咬伤会变成狼人这种事情。但很快他就发现了这个传说的真实性。在实验室灯光的照射下，威尔弗雷德吃惊地发现自己手背竟长出了一层细密的绒毛，联想到那位朋友的告诫，他将手置于那株神秘植物开出的花朵下，才免于变身。不久，那位植物学家再度来访，并警告他满月即将到来，变身狼人的人，会攻击自己最爱的人。

月圆之夜，威尔弗雷德惊恐地发现，自己浑身上下都长出了浓密的毛，手也因被绒毛覆盖着而变得更像狼的爪子。他仓皇地跑进实验室，想从那盛开的神秘之花那里寻找到阻止他变狼的力量，令他意想不到的是，花儿已被人齐齐剪断，只留下了梗。

没有了那朵具有神秘力量的花，威尔弗雷德无法遏制地变成了狼人。在尚未失去意识之前，他走出家门试图找到那个偷走神秘花朵的人，却在大街上失去理性，在深夜里发出嚎叫声，无法遏制地杀死了一名女子。此后，为了防止自己再度伤人，威尔弗雷德将自己关在一

◎ 那株神秘的植物其实是乌头草

个离家很远的地方，可是一旦变成狼人后，他就失去了理智，从那里逃出来再次制造血案。每次清醒过来时，总是懊悔不已。他与妻子之间的关系也渐渐出现了裂痕。

实验室里的那株植物只剩下最后一个花骨朵，威尔弗雷德等着这朵神秘之花再次开放。然而，最后这朵神秘之花也被那个植物学家偷走了。没有了花的庇护，威尔弗雷德再度变成狼人，他杀死了盗花贼。之后，他前去找他的妻子，打算与她一起共赴黄泉。结果被闻讯赶来的警察开枪打死，临死前，威尔弗雷德恢复了人形，令在场的人大吃一惊，在临终的最后一刻，他向所有的人做出了忏悔。

该片是有声电影史上第一部以狼人为题材的电影，没有恐怖的外表，也没有狰狞的厮杀场面，《伦敦狼人》中的狼人还保留着人的特点，在狼性的激发下，苦苦挣扎。影片没有高明的化妆技巧，也没有曲折的故事情节，但紧张的节奏和对主人公未知命运的恐惧依旧吸引观众。

2、《狼人》（The wolfman）

在继《伦敦狼人》推出6年之后，1941年，环球影业再度将狼人搬上了银幕。这部由乔治·瓦格纳执导的《狼人》取得了意想不到的结果，终于让狼人在好莱坞火了起来。在很长一段时间内，狼人都是好莱坞导演常用的素材。《狼人》的成功不仅受到当时政治大背景的影响，影片中狼人与女主人公的被命运嘲弄

◎《狼人》海报

的爱情也让人唏嘘不已，堪称至今最感人的狼人电影。

影片的主人公劳伦斯·塔尔伯特是一名生活在威尔士古堡的年轻人。年轻善良的劳伦斯回到故乡后，无意中邂逅了古董店老板的女儿，两人很快坠入了爱河。

不久，劳伦斯·塔尔伯特与女友相邀去一位吉普赛占卜师那里占卜，同行的还有一位女性朋友。占卜师从那位女性朋友的手中看到了她不祥的未来，便告诫她远离那里。不知情的朋友在惊恐中离开了，不久远处传来了狼嚎声。劳伦斯前去救人，不幸被狼咬伤。不久他就变成狼人，四处袭击自己的朋友，甚至是他心爱的女孩。

变身狼人时，劳伦斯完全被狼的兽性俘虏，人类在他眼中只是猎物。清醒的时候，劳伦斯总是为自己犯下的罪行悔恨不已，他自知无法控制自己变身狼人，便试图告诉周围的朋友，寄希望于他们能够阻止他继续攻击人类，但没有人相信生性纯良的劳伦斯会是那个潜伏在黑夜中袭击人类的恶兽；劳伦斯又跑去警察局，希望警察能够将他囚禁起来，以防止他进一步伤。遗憾的是，警察仅将他斥为"荒谬"，也没有引起重视。没有人将文质彬彬的劳伦斯与凶神恶煞的狼人联系起来，他成了众人眼中的疯子。绝望之余，劳伦斯试图自杀，以结束自己的生命来阻止自己的噩梦，但狼人有着超强的生命力，纵使绞尽脑汁，劳伦斯也未能遂愿。

夜间狼人攻击人类的事件继续发生，人们对此无可奈何。劳伦斯继续在狼人与人之间转换，兽性与人性轮番占据着他的意识。每当他清醒为人时，悔恨与内疚占据了他；到了月圆之夜，对鲜血的渴望如毒瘾发作一样，驱使着他继续攻击周围的人。

劳伦斯的父亲发现了狼人的存在，毫不知情的父亲竭尽全力保护着自己的儿子。殊不知，他每一个为了保护儿子所做的举动，也正是在伤害他。在父亲的"保护"下，劳伦斯依旧攻击周围的人。直到有一天，变身狼人的劳伦斯遇到了他心爱的女孩詹尼。对詹尼的爱唤醒了劳伦斯，为了保护深爱的女孩，劳伦斯心甘情愿地倒在了父亲的白银手杖之下。死后，劳伦斯变回了原形，一切终于真相大白。

这是一个有着善良灵魂的狼人，当他所承受的痛苦结束了之后，一位吉普赛女占卜师来到他的身旁，为他唱起了一首古老的歌谣："即使是内心最纯净的人，即使他每晚都在祈祷，在乌头草盛开时他也会变作一只狼，当那秋夜之月正在夜空中闪耀……"在女占卜师的吟唱中，劳伦斯的灵魂终于得以安息。

与传统的嗜血成性的狼人不同，劳伦斯显然是最有情义的狼人。兽性与人性在他内心交织，互相斗争，最终人性显然占据了上风。而最后变身为狼的劳伦斯为了保护自己所爱的人而牺牲自己，这种美好的感情大大地感动了观众。

影片在大西洋两岸上映后，引起了巨大的轰动。该片的巨大成功也使得"狼人"作为一种经典的恐怖形象进入世界电影之林。

美中不足的是，受制于当时的电影技术与化妆水平，该片不仅在"狼人"变身的过程上表现的乏善可陈，主人公在变身后的形象上也有待改进——"狼人"劳伦斯只是在劳伦斯的脸上长满了绒毛，脸型上没有任何变化，这使得这个"狼人"更像类人猿而非狼人。

不过，观众并没有对这些细节过度挑剔，饰演狼人的小朗·钱尼（Lon Chaney, Jr.）精彩的表演，将一个时而是文质彬彬的劳伦斯，时而是恐怖乖张、血液中透着兽性的狼人的人兽混合体表现得淋漓尽致，成功地获取了观众的信服。该片之后，好莱坞掀起了一阵"狼人风"，小朗·钱尼几乎成了狼人角色的代言人。值得一提的是，作为《狼人》的续集的《弗兰肯斯坦大战狼人》，在这部影片中，劳伦斯·塔尔伯特死而复生。这一次，他再也不是原来那个时而被兽性占据无法自拔的狼人，时而悔恨内疚却又无可奈何的劳伦斯，而是一个彻底地战胜了兽性的、代表正义化身的狼人，他与上一部影片中抚慰其灵魂的吉普赛女占卜师结成同盟，远赴千里迢迢之外的日耳曼，与那里的科学怪人展开了一场殊死的搏斗。

　　狼人电影的成功，除了影片本身的魅力之外，与当时的时代背景也密不可分。1941年前后，正值德国纳粹气势汹汹之时，整个欧洲大陆几乎都已沦陷。由于狼代表着勇猛、团结，纳粹非常推崇"狼"这一形象。希特勒的妹妹就在希特勒的要求下，改名为"狼夫人"，德国的汽车厂也被命名为"狼堡"，至于希特勒的指挥部，更是直接被他命名为"狼人"。在这一背景下，狼人在某种程度上成了纳粹的代言人，人们对狼人的恐惧，很大程度上就来自于对希特勒的恐惧。《狼人》的上映无疑在某种程度上抚慰了当时人们的心理，人们将劳伦斯与女主人公无疾而终的爱情，比作纳粹的命运：是选择为保护所爱之人而离开她，还是为了短暂的相守而让人性屈服于兽性？影片似乎以这种方式告诫纳粹：极端的集权背后，是人性的泯灭。

　　而在续集《弗兰肯斯坦大战狼人》上映

◎ 小朗·钱尼饰演的狼人成为经典

◎《弗兰肯斯坦大战狼人》海报

时，狼人所承载的文化意义已经有了变化。当时第二次世界大战正如火如荼，盟军在战争中愈战愈勇，形势越来越好。影片中的弗兰肯斯坦用钢铁和机械的形式来表现，代表着无情的工业文明，而狼人则是血肉之躯，代表了人性。尽管他的人性被异化，但并未泯灭。一旦他人性战胜了兽性，这不啻于使自己有了某种超能力，继而狼人不再是狼，而是观众眼中的超级英雄。在时局背景的衬托下，显然，弗兰肯斯坦象征着纳粹德国，狼人塔尔伯特则是正义的以美国为代表的盟军。

2009年，乔·庄斯顿将《狼人》再度搬上银幕，相隔近70年，电影技术的进步让导演在表现狼人这一恐怖形象时显得游刃有余。除了视觉效果值得期待以外，新版由于冲淡了狼人与女主角的感情，震撼力不如旧版，没有体现出忠贞爱情逃不过宿命的无奈与悲哀。

2 卖弄恐怖 视觉奇观

　　狼人在好莱坞并没有风行太久，它的野蛮粗暴的形象让人觉得那不过是一只会使用暴力的野兽。与高贵、精致优雅的吸血鬼相比，狼人显得有点不着调。于是，随着二战阴霾的消散，狼人也沉寂了很久。直到 1981 年《美国狼人在伦敦》的出现，它以轻松的美式喜剧的方式，在恐怖中透出一点喜剧色彩，深得年轻观众的喜欢，由此又开创了狼人在好莱坞历史上的一个新的篇章。 这个时期的电影技术较几十年前，有了突飞猛进地发展，加上化妆技术的进步，后期剪辑的特效处理，狼人电影的视觉效果有了新的突破。在过去的狼人电影中，对变狼这一过程的描述，都采用切换镜头，前一个镜头还是痛苦万状的人，镜头一切换，就已经是面目狰狞的狼。电影技术的发展，让狼人变身的过程成了电影的新看点，那些潮水般覆盖全身的毛发，骨骼从肌肉中间突出时咯咯作响的声音，还有皮肤挣破的疼痛，一一呈现在观众面前，让人不禁地会心脏猛跳几下。

◎《美国狼人在伦敦》海报

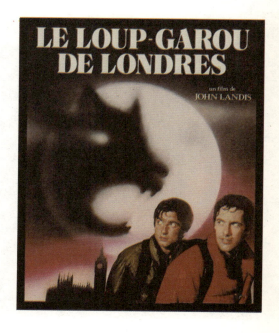

1、《美国狼人在伦敦》(an American werewolf in London)

1981年上映的《美国狼人在伦敦》是约翰·兰迪斯狼人恐怖片的代表作,以黑色喜剧风格来表现一个现代聊斋式的故事,在恐怖之余又不禁令人捧腹。

两个来自美国的年轻人大卫和杰克在欧洲旅游时,途径一个英国乡间的小村庄。眼见着天色已晚,他们冒冒失失地闯进了一间小酒吧,准备吃点东西休息一下。他们的突然到来令小酒吧陷入短暂的沉寂。不多时,气氛稍有缓和,人们恢复了之前的喧闹,有个胖老头甚至还和他们交谈起来。但杰克的一个小举动瞬间打破了这种气氛,他指着墙上那个点着蜡烛、像是用作巫术的五角星图案,问起它的用途。整个酒吧的气氛瞬间降到了冰点。两人见状,迅速起身离开酒吧。临走之前,有人建议他们走大路,勿近荒野,胖老头还满含深意地告诫他们,小心满月。

他们走后,酒吧里的人纷纷议论起来,有人认为应该阻

◎《美国狼人在伦敦》剧照

止他们离开；有人认为他们不该闯入……在众人议论的背后，暗示着杰克与大卫即将面临着恐怖威胁。

酒吧外，杰克和大卫继续在夜间赶路，不知不觉中忘了酒吧里那些人的告诫，误入了荒野。这时，乌云渐渐散去，一个圆月逐渐从云层中出现，接着寂寥无人的荒野里响起了狼嚎声。大卫和杰克有些害怕，决定重新返回小酒吧，结果发现自己迷路了，此时，一个奇怪的生物不知在什么时候跟上了他们。两人开始逃跑，试图摆脱不明生物的跟踪。在奔跑中，大卫不小心摔倒了，杰克伸手拉他，却被一旁伺机已久的怪物一下子扑倒在地。吓得失魂的大卫扭头就跑，等到他回过神来，跑回去试图救杰克时，却发现杰克已经倒在血泊中，血肉模糊，没有了生气。那个看起来像狼一样的怪物又开始袭击大卫，在这紧要关头，闻讯从村子里赶来的人们用枪打死了这个怪物，意识迷糊的大卫在陷入昏迷之前最后看了一眼身边的怪物，却发现那是一具裸体男子的尸体……

三个星期后，大卫才从昏睡中醒来，伦敦医院的贺斯克医生和护士艾利克斯告诉他，袭击他的是从附近的疯人医院里跑出来的疯子。大卫坚称袭击他和杰克的并非疯子，而是一头狼。然而，前来调查案情经过的探员并不相信大卫所说，他坚称案子已经了结，凶手也被正法了。事情就这样不了了之。

但是，大卫却被一连串奇怪的梦所困扰，梦境中，他时而袭击野兽，时而被怪兽所袭击，令他困惑不已。直到有一天早晨，已经死去的杰克突然现身，杰克告诉他，袭击他们的是狼人，而自己成了活死人。为了解除狼人的诅咒，必须杀掉所有的狼人。而大卫被狼人咬过，他就是最后一只狼人，他将在月圆之夜大开杀戒。杰克请求大卫自杀，因为这样才能避免在月圆之夜杀人，也才能解救杰克。

杰克的警告被大卫抛诸脑后。直到月圆之夜的前一天，杰克

再度现身，此时他的身体已经开始变绿，他再次提醒大卫，明天就是月圆之夜，再不自杀就为时已晚。到时他将变身为狼人，伤害更多的人，而那些被害者将会成为像杰克一样的活死人，痛苦不堪。此刻的大卫，依然将信将疑。

并非所有的人都相信疯子袭击人的故事，大卫的主治医生贺斯克也觉得事情有点蹊跷，他去了大卫提过的那个小村庄的那间小酒吧，跟大卫一样，他对墙上的五角星图案也十分好奇。酒吧的老板娘告诉他那只是一个已有200多年历史的传统。当他提及大卫和杰克被怪物袭击的事情时，酒吧再度陷入尴尬，一位年轻人欲言又止，似乎有很多秘密要告诉他。

酒吧老板向贺斯克医生下了逐客令，他不得不起身离开。在酒吧外面，他遇到了那个欲言又止的年轻人，他满脸恐惧地告诉医生，当初不该让那两个年轻人离开，这个地方很奇怪，因为一到月圆之夜……年轻人的话被酒吧里的老头打断了，显然，这个地方藏着一个秘密。

月圆之夜即将到来的时候，大卫显得狂躁不安，他在屋子里不停地来回走动，找不到一件可以让他安静下来的事情。窗外，月亮穿过云层，一轮圆月高悬在空中，大卫浑身仿佛被火灼烧了一般痛苦。他嚎叫着扯掉身上的衣服，眼睁睁地看着自己的双手骨骼渐渐被拉长，一双手变成了狼的爪子，浑身披覆着细密的绒毛，四肢拉长，嘴里长出尖利的狼牙。变成狼人的大卫陆续袭击了6个人。

第二天，大卫发现自己浑身赤裸着躺在动物园的狼笼子里。他仓皇地逃回了艾利克斯家，已经在贺斯克医生那里知道了真相的艾利克斯试图带大卫去医院。在途中，当大卫得知昨晚发生了6起命案后，知道是自己所为，中途离开艾利克斯打算前去自首。

大卫准备给家人打个电话告别之后割腕自杀，却怎么也下不了手。从电话亭中出来之后，他在一家成人电影院门口看到了已经烂得不成人形的杰克，他跟着杰克走进医院，看到了前晚被他杀害的6个人，他们都已经成了活死人。他们都让大卫赶快自杀，否则将会有更多的人受害。月圆之夜再次来临，大卫在电影院变成了狼人，又有更多的人不幸遭到他的攻击，他被闻讯赶来的警察逼近了死胡同，终于被乱枪打死。

这部 1981 年的老电影，在表现大卫由人变狼的那一段，堪称经典，可载入狼人电影的史册。化妆大师 Rick Baker 炉火纯青的化妆技艺，打造出一个令人惊叹的活死人杰克的形象，让奥斯卡首次设立了最佳化妆奖项，以感谢其为电影事业所做的贡献。

◎ 化妆大师 Rick Baker 化妆技艺炉火纯青

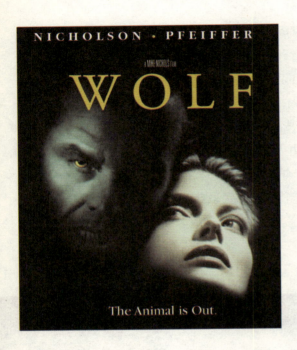

◎《狼人生死恋》剧照

喜剧与恐怖的结合，往往会陷入不伦不类的窠臼，像个畸形儿。但《美国狼人在伦敦》的导演约翰·兰迪斯却天才地将两者融合，从片中大卫裸奔中抢走一个女人搭在长椅上的大衣，到为了激怒警察，在广场中央谩骂英国女王，再到电影院里变身，都能让人捧腹大笑。这种点缀其中的笑料来得那么自然，没有丝毫的做作与夸张，让整个影片在恐怖沉闷的氛围之中，透出一点幽默。

2、《狼人生死恋》（wolf）

1994年的《狼人生死恋》中，狼人成了"异化"的一种，主人公威尔的变狼经历，仿佛是生命中一次历险，当他逐渐变身为恐怖的狼人时，他在世俗社会的懦弱和犹豫也随之褪去，一种前所未有的男性激情在他身上回归。这种力量与勇气的回归，在导演迈克·尼克尔斯的镜头表现下，又透出一种对中产趣味背叛的意味。显然，尼克尔斯的视角向观众展示的是一个比人类更有情义的狼人，也更具生命力。所以在电影结束的时候，威尔毅然地选择了做一匹狼，自由地驰骋在林间。

威尔是一个倒霉的出版社编辑，在一个风雨交加的夜晚，他在驱车途中撞上了一头狼。威尔下车查看，那匹狼躺在地上一动不动，像是死了一般。正当威尔内疚不已时，那匹狼竟睁开眼睛偷窥威尔的举动。正当威尔试图把狼拉扯到路边时，狼嚎叫了一声扑身过去咬了威尔一口，然后迅速逃离了现场。

被狼咬伤后的威尔逐渐发现自己的听觉、嗅觉变得异常灵敏。他发现自己能听见远处的人谈话的内容，能分辨出衣服上的气味，工作效率也提高了很多，白天嗜睡，晚上却野性爆发，动物见了他也会变得异常不安。身体上种种微妙的变化引起了威尔的不安，他找到了研究动物附体的亚力亚克斯博士，告诉他自己身体正在发生的变化。亚力亚克斯博士告诉他，他正在变成一只狼。为了阻止他变为狼，亚力博士送给他一个护身符，作为回报，他要求威尔咬他一口，将他也变成狼，让他在有生之年能够体会这种奇幻的经历。

此时的威尔正面临着人生的低谷，在单位里，威尔的主编位置被同事斯托尔德给取代了；在家中，他灵敏的嗅觉帮他发现了一个秘密——原来妻子夏洛特与斯托尔德有染，愤怒之下的威尔咬了斯托尔德一口。遭遇双重夹击的威尔开始了他的报复计划。经过一番运作之后，威尔终于让公司总裁奥尔登收回了解雇他的成命，并重返主编的位置。

但事情似乎变得越来越不受控制，威尔身上的狼性变得越来越明显。他时常在夜间像一只狼一样驰骋在林间，在丛林里奔跑的动物成了他捕猎的对象。早上从血腥中醒来，他都会感到无比的舒畅与兴奋。威尔在一次宴会上认识了公司总裁奥尔登的女儿罗拉，罗拉是一个有着风华美貌、内心却异常脆弱孤独的女孩。在与威尔的交往中，两人成为知己，罗拉渐渐地爱上了威尔。她试图用自己全部的爱来阻止威尔向野狼的转变。但这依然无法让威尔停止在夜间像狼一样在林间穿梭，发出狼嚎，攻击动物和人类。

正在这时，警察找到了威尔，原来他的妻子夏洛特意外死

◎ 米歇尔·菲弗饰演罗拉

亡。罗拉为威尔做了不在场的证明，却意外地发现威尔的鞋底沾满了泥土，她怀疑威尔在夜间狼性大发，在自己毫无意识的情况下出去袭击了夏洛特。为防止他再次变身狼人出去行凶，她把威尔锁在自己家中的后花园里，独自前往警署录口供。在警署，罗拉遇到了斯托尔德，他以威尔好友的身份来录口供。斯托尔德诡异的表情让罗拉不寒而栗，直觉使罗拉相信，真正杀死夏洛特的凶手就是眼前这个斯托尔德。罗拉感到一种危险的气息在向她和威尔逼近，她未来得及给警察留下口供，就匆忙驱车离去，欲带着威尔离开。

她没有料到的是，斯托尔德竟也是个狼人。他在罗拉身上闻到了威尔的气息，尾随罗拉到她的住所，杀死了门卫，闯了进去，试图杀死他。经历一番血腥的厮杀之后，威尔和罗拉终于将斯托尔德击毙。影片的最后，浑身长出绒毛的威尔诀别罗拉，化作一匹狼，纵身跃入茂密的丛林深处，而风华绝代的罗拉在搏击中被斯托尔德咬伤，也变成了狼人，她像威尔一样，化成一匹狼遁入茫茫的黑夜之中……

与其说这是一部关于狼人的电影，不如说这是一部关于平凡的人变成另一种完全不同的生物的冒险历程。影片没有呈现恐怖的狼人变身的过程，威尔也没有变身为狼人。不过，饰演威尔的杰克·尼克尔森堪称好莱坞的"表演魔鬼"，曾多次获奥斯卡最佳男主角和最佳男配角奖。通过夸张的脸部表情和肢体动作，他就将一个兽性萌发的狼人的形象表现得栩栩如生。

影片中亚力亚克斯博士说，魔狼并没有罪，有罪的是被咬的人。他认为，不是每个被狼咬过的人都会变成狼，有的人没有被狼咬，也能变身为狼，只要他心中有狼一样的激情。人类只离开森林25000年，人本身一定有与狼相似的地方，生命中充满了神秘，只是我们已习以为常。生命行将结束的亚力亚克斯博士请求威尔咬自己一口，让他也能变成狼，在他短暂的生命中，体会到狼的生命，那种在旷野中无拘无束、自由驰骋的体验。

◎ 杰克·尼克尔森成功地饰演了一个野性的狼人

◎《美国狼人在巴黎》剧照

3.《美国狼人在巴黎》(an American werewolf in Paris)

1997年的《美国狼人在巴黎》是1981年《美国狼人在伦敦》的续集,原定的导演为《美国狼人在伦敦》的导演约翰·兰迪斯,后来改成安东尼·沃勒。在延续了上一部电影中幽默的美式青春剧风格外,叙事风格有了很大的不同。

3个来自美国的年轻人安迪、布莱德和查理组成"旅欧探险队"来到艺术之都巴黎。在一个深夜,安迪三人爬上了巴黎埃菲尔铁塔,开始他们的冒险计划:在埃菲尔铁塔上玩蹦极。正当安迪在腰上系好了保险绳,正准备从塔顶跳下去时,一个年轻的女子也来到埃菲尔铁塔上,抢在安迪之前跳了下去。安迪为了救她,情急之下跟着跳了下去。幸亏有了安迪身上的保险绳,两人都得以保命。安迪头部着地失去了直觉,在他陷入昏迷之前,他望到了一张美丽但充满忧愁的脸。醒来之后,忧伤而美丽的女孩在安迪脑子里始终挥之不去,在朋友的帮助下,他找到了那个女孩莎拉,开始了一段奇特的经历。

莎拉是个天生的狼人,她的男朋友克劳德得知她的身份后,偷食了她的血,也变成了一个狼人。变成狼人的克劳德纠结了一批人在巴黎四处行凶。

安迪前往莎拉家找她,却意外地遇到

了克劳德。安迪受邀参加了克劳德组织的一个主题为"满月"的聚会，莎拉得知后，知道安迪深陷危险，便不顾月圆之夜变身的危险，跑到聚会上把他从魔爪中救了出来。莎拉在圆月下变成了狼，抑制不住的兽性让她咬了安迪一口，把他也变成了狼人。

翌日，安迪醒来后，发现自己在莎拉家。他向莎拉讲起前一个晚上被一个似狼似狗的怪物袭击，莎拉告诉他，咬他的是一个狼人，而他也已经成了一个狼人。

安迪一时无法接受这个事实，他从莎拉家出来之后，发现他的朋友布莱德已经惨死在狼人的手里。他一时无所是从，开始流连于酒吧间，意外地邂逅了也是来自美国的女孩。月圆时分，安迪变成暴怒的狼，女孩惨死在狼的手下。这时候，《美国狼人在伦敦》中的桥段再次出现，安迪死去的朋友布莱德和黄衣女孩阴魂不散地跟着他，要他自寻了断，因为只有这样，他们才能摆脱活死人的命运。

这时，克劳德也盯上了变成狼人后的安迪，克劳德告诉安

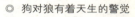
◎ 狗对狼有着天生的警觉

迪，人类花了太多的时间、金钱用来维持健康，却依旧无法阻止疾病和死亡的发生，唯有狼人，不生不灭，他们才能开启一个新的纪元。克劳德希望安迪加入他们，成为其中一员，但安迪拒绝了。

克劳德和他的狼人同伙设计了一个只许美国人参加的舞会，其实

只是把他们当做猎物。安迪混进舞会，提醒人们潜在的危险，与克劳德发生了冲突。在混乱中，莎拉受了重伤，她拿出匕首，要安迪挖出自己的心脏来，因为只有吃下她的心脏，安迪才能从狼人的诅咒中解脱出来。安迪高举着匕首的手迟迟不肯落下，最后选择了放弃。

这部电影打着《美国狼人在伦敦》续集的旗号，但两部作品之间并没有太大的关联，其中一些为制造幽默气氛插科打诨的片段，显然不如《美国狼人在伦敦》中的自然，但也不失为轻松幽默的搞笑电影。

4.《失魂月夜》(bad moon)

狼人意味着什么？变身，力量，还是恐惧？对于有些人来说，变成狼人是一种诅咒，一种他极力想要摆脱的诅咒。

◎《失魂月夜》海报

而来自家庭的爱，或许是他唯一得救的希望。1996年的《失魂月夜》中的泰德就试图通过爱来阻止变狼，但一旦体内沉睡的恶兽被唤醒，爱的力量究竟有多大？

泰德是一个摄影记者，为了拍到好的照片，他喜欢去荒无人烟的丛林中探险。在一次骇人的旅行中，泰德和女友遭遇到一只半兽半人的动物。

女友不幸死在了这个怪物的手中，而泰德也被这个怪物咬伤，不得不待在姐姐珍娜的家中暂住休养身心。姐姐珍妮与儿子布莱特以及一只叫"雷神"的灵犬生活在一起。奇怪的是，"雷神"在看泰德这位老朋友的眼神中，透出一点陌生，一点恐惧。泰德的姐姐珍妮也察觉到了泰德的异样，只是很难说出来那究竟是什么。

自从泰德来了之后，周围的怪事就接二连三的发生了，"雷神"也变得警觉起来。珍妮时常看见它在泰德住的"房车"四周转悠，不时地对着泰德狂吠。一天，珍妮走进泰德的"房车"里，意外地发现了他的秘密。在他的一本日记里，他记述了他在探险中遭遇到狼的袭击后，身体发生了很大的变化。很多个清晨，他发现自己躺在森林里，浑身赤裸，有时身上还沾有不知名的动物的鲜血。但是，显然他身体的变化超出了医学所能解释的范围，医生告诉他，也许亲情能够帮他从这种状态中恢复过来。

一天深夜，珍妮听见树林里传来了"雷神"的狂吠声，好像在与什么动物对峙。第二天，珍妮听说附近发生了命案，有人被类似狼或者狗之类的生物撕碎了。警员告诉她这个消息的时候，意味深长地看着"雷神"。已经知道真相的珍妮暗示警官，这也许是人类所为，但警察显然并不愿意接受这种说法。珍妮抱着痛哭不已的布莱德，眼睁睁地看着"雷神"被警察当做嫌疑犯，泰德站在珍妮身后目睹了这一切，两个人表情各异，各自心怀心事。

又是一个深夜，珍妮听到树林里传来的奇怪的声音，循声而去的珍妮终于发现了即将变身的弟弟泰德。泰德赤裸着上身，痛苦地抓着树干。他告诉姐姐，其实"雷神"是在保护她和布莱德，她不该让警察把"雷神"带走。狼性在体内的苏醒已经不允许他有清醒的神志，珍妮眼睁睁地看着泰德发出声声痛苦的嚎叫，利牙从他的嘴里长出来，浑身迅速披覆上浓密的绒毛。这时的泰德已不是她的弟弟，而是一头凶残、六亲不认的恶狼。失去理智的狼人泰德咆哮着冲向珍妮，怒吼着想要把她撕碎。

因为思念"雷神"，布莱尔偷偷地打开了关着它的笼子。充满了灵性的"雷神"已经感到了空气中弥漫着的危险气息，它冲出笼子，及时赶到珍妮面前，拯救了她。

《失魂月夜》中的狼人造型被认为是人类感觉深层次里最恐惧的狼人形象，据说，电影上映后，它逼真的造型曾吓死了两个人。

3 技术革命 狼人千面

进入 21 世纪，电影技术的发展令电影的制作水平上升到了一个新的台阶，使得狼人电影在视觉效果上有了空前的提高，加上编剧们在狼人身上增加了许多新的元素，狼人的形象变得空前的多元化。在以往一片雄性气息的狼人形象中，出现了女狼人的身影，凶悍、残暴的狼人中透出了一丝女性柔媚的气息。魔幻电影的风行，给了狼人一个生存的空间，在那个一切皆有可能的魔幻世界，狼人有了空前的生存空间。

1.《黑夜传说》系列（Underworld）

如果说白天属于人类，那么黑夜则属于吸血鬼和狼人。狼人和吸血鬼，当他们共同处于黑暗的地下世界的时候，显然具有神秘、高贵气质的吸血鬼，和生性野蛮凶残的狼人是无法和平共处的，为此，一场为了获得地下世界的生存统治权的斗争在这两个种族之间展开。

《黑夜传说》对狼人与吸血鬼之间的恩怨给出了答案。按照影片中的说法，吸血鬼和狼人都属于古代亚历山大王的后人。古代亚历山大王的长子马库斯被蝙蝠咬伤，成了吸血鬼的始祖；次子威廉为狼所伤，于是便成了狼人的

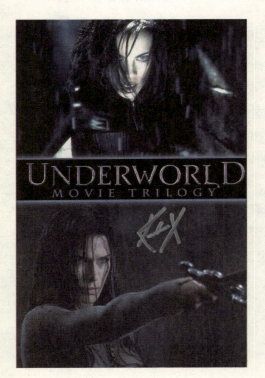

◎《黑夜传说》剧照

祖先。吸血鬼和狼人由此繁衍下来，但两个种族之间并未因为
祖先之间的血缘关系而友好相处，相反，他们世世代代为了争
夺对地下世界的统治权而互相敌视，争斗了几个世纪。在《黑
夜传说》中，吸血鬼依旧保持着惯有的贵族风格，他们组织严
密，且谙于世故。而他们的宿敌狼人，则是一群街头恶霸，他
们混迹于城市的各个角落。几个世纪以来，两个种族从未停止
过激烈的对峙，他们终其一生不断交手。

　　故事在一个阴冷的雨夜开始。在不断的争夺中，吸血鬼凭
着严密的组织和纪律，略占上风。但是，狼人族的存在，依旧
是吸血鬼尊贵地位的一个巨大威胁。为了彻底消灭狼人，稳固
自己在地下世界的统治地位，吸血鬼部落暗地里组织了一个由
吸血鬼中最精英、最强大的战士组成的"死亡营造者"队伍，

◎　凯瑟琳·贝金赛饰演
的女吸血鬼美艳冷酷

UNDERWORLD
EVOLUTION

这支队伍的任务就是不惜一切代价毫不留情地彻底铲除狼人。

在一个秋日的深夜里，雷雨交加，"死亡营造者"队伍中最精干的女战士"月之女神"瑟琳娜在追杀一群狼人的过程中，无意中从一个俘虏的口中得到一个消息：狼人族正在计划绑架人类医生迈克尔。精明的瑟琳娜发现其中的蹊跷，意识到狼人族正在密谋一个巨大的阴谋。于是，她决定独自前去查个清楚。在调查过程中，瑟琳娜被狼人所伤，幸得迈克尔相救，才得以逃出重围。瑟琳娜带着迈克尔进入了吸血鬼的领地，不料迈克尔被一个吸血鬼咬伤。这时，迈克尔的身份才被揭开。原来迈克尔是柯文纳斯的后代，也是唯一没有被污染过的纯种人类。因此，他的血液可以使狼人和吸血鬼两种生物的基因融合，这种混合而成的血液拥有巨大的能量。在得知这个秘密后，狼人族试图绑架他，想将他的血液和吸血鬼长老的血液注射到自己体内以获得强的力量。瑟琳娜得知这一切后，很同情他，决心帮他摆脱狼人的追杀。在相互帮助共同作战中，爱情在两个年轻人之间萌发了。

两个年轻人的爱情却无法消弭背后两个种族之间累积了几个世纪的恩怨。吸血鬼已经筹备好了剿灭狼人的计划，狼人此刻也已开始了报复性的反击，吸血鬼与狼

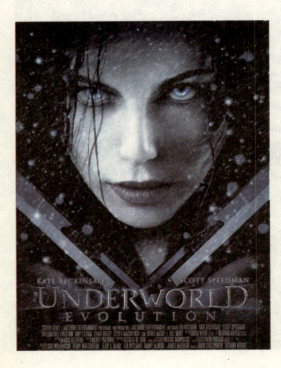

◎《黑夜传说2：进化》海报

人之间的一场大战即将展开……

与以往的描述狼人的电影不同，《黑夜传说》对吸血鬼和狼人进行了更为深入的挖掘，并引入《罗密欧与朱丽叶》的故事，在吸血鬼与狼人两个部族之间引入爱情元素，增加了影片的看点。从风格上来说，整个片子的基调相当凝重，黑夜中一座哥特式的城市，除了夺目的红，幽冥般的蓝，就是一片灰暗，给人以扎实凝重之感。

《黑夜传说》的成功让编剧和导演有了继续下去的愿望，2006 年，在《黑夜传说》上映两年后，续集《黑夜传说 2：进化》与观众见面了。

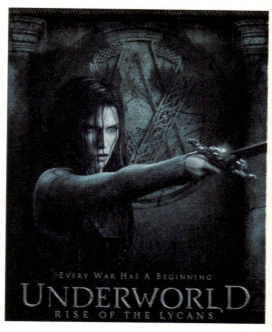

◎《黑夜传说前传：狼族崛起》海报

在续集中，狼人与吸血鬼之间旷日持久的大战依然在继续，黑暗的地下世界里，吸血鬼与狼人的斗争随处可见，到处是厮杀声、嚎叫声。

原本只是黑暗世界中两个种族的斗争，在续集中出现了人类的身影。令人意想不到的是，在两个种族不断斗争着的时候，黑暗世界里还有一群阴谋家，他们研究出了一个奇怪的生物"如约"。这是一个背部长着翅膀的恐怖怪物，它的出现使吸血鬼、狼人和人类都面临着死亡的威胁，所有人都试图找到铲除这个杀人机器的方法。

颇有正义感的瑟琳娜为了结束这场黑暗世界旷日持久的战争，试图找出自己与吸血鬼之父维克多以及迈克尔等人的血统及血缘关系。只有弄清了这些人的特殊血缘关系，才能彻底结束这场黑暗战争。为此，瑟琳娜冒着风险，迎着狰狞的面孔、

闪烁着寒光的刀刃，踏上了追寻埋藏了几个世纪的秘密之路……

终于，时隔两年之后，2009年上映的《黑夜传说前传：狼族崛起》中，瑟琳娜所追寻的问题终于有了答案。

两个本属于同一个父亲的儿子，因为被不同的动物咬伤，体内的基因有了变化而成了互相对立的两个部族。他们世代为了地下世界的统治权而战。在维克多的带领下，吸血鬼一度战胜了狼人家族，成为地下世界的唯一统治者，狼人只能世代为奴。狼人岂肯世代活在吸血鬼的统治下？于是，一股反抗的情绪在狼族内部酝酿，终于在一位拥有强大力量的年轻狼人卢西恩的号召下，狼族埋藏在心底的兽性被唤醒，一场腥风血雨的斗争在所难免。

维克多显然不能容忍狼族的造反，更令他无法忍受的是，他最心爱、最引以为傲的女儿索尼娅竟与卢西恩产生了感情。在亲情与爱情之间，索尼娅心中的天平倾向了爱情，她暗中帮助卢西恩逃脱吸血鬼军队的追杀。最令维克多不能容忍的，是索尼娅肚子里怀着的那个混合了狼人和吸血鬼两种血统的孩子。在亲情与种族生存发展之间，维克多选择了后者。

于是，在卢西恩面前，维克多将女儿施以极刑——将她暴露在阳光中化成了灰烬。一方是杀妻之恨，一方是丧女之痛，一场剑拔弩张的黑暗世界之战即将拉开帷幕……

《黑夜传说》第三部全班人马全部换了，

◎《黑夜传说》第三部的女主角由罗拉·迈特拉

执导本片的是首次担任导演的帕特里克·塔特普洛斯，之前他一直担任视觉特效一职。而女主角也由因《世界末日》而为人们所熟知的罗拉·迈特拉担当，在继承了前面两集的风格的基础上，有了一些新的突破。并对观众最感兴趣的狼人与吸血鬼的恩怨，给出了一个答案。

《黑夜传说》系列，以倒叙的方式，从一个女性的视角，追叙了狼人与吸血鬼两个种族之间的历史恩怨，并穿插着发生在两个种族之间的爱情故事，以爱情故事带出两个种族纠缠了几个世纪的恩怨，堪称一部关于狼人与吸血鬼历史的史诗之作。

2、《血腥巧克力》（blood chocolate）

"狼人"是什么？神话中的传说，还是现实中的生物？在2005年的《血腥巧克力》中，导演卡嘉·冯·加纳（Katja von Garnier）通过狼人对自身生存的忧患告诉我们，"狼人"其实是人类表达对未知恐惧的一种方式。

在罗马尼亚的布加勒斯特小镇，住着一位美丽的少女薇薇安。这是一个看似平凡的少女，但十年前的一场遭遇，注定了她不平凡的人生：一帮凶残的暴徒杀害了她的家人，年幼的薇薇安神奇地被一只狼救下，并带到丛林深处……

十年后，当年的小女孩已长大成人，成为传说中神秘狼族的一员，她跟着狼人家族来到了遥远的布加勒斯特小镇。白天，薇薇安是一家巧克力商店的员工，到了晚上，薇薇安不得不到处游荡，在各种午夜俱乐部、教堂之间穿梭以便藏身，

◎《血腥巧克力》海报

◎ 薇薇安是一个女狼人

◎ 薇薇安和艾登在教堂躲着表哥拉夫

为的是躲避狼人家族中她那个鲁莽凶残的表哥拉夫和他的手下党羽
们的骚扰。

　　一天晚上，当薇薇安像往常一样躲到教堂里时，却意外遭遇
了被锁在里面的美国画家艾登·加尔文。艾登是一位钟情于布加
勒斯特古老艺术的年轻艺术家，他此行的目的就是为自己的下一
部图解小说寻找素材，而布加勒斯特的艺术中，狼人家族是不可
回避的内容。

◎ 加布里尔是狼族首领，每 7 年就要娶一任妻子

　　孤单感深重的薇薇安与充满了探知欲的艾登，两颗年轻的心，在一起碰撞出了爱的火花，薇薇安不顾所有人的反对，执意要与艾登在一起。

　　然而，薇薇安却注定不凡，她与艾登的爱情遭到了来自狼人家族的反对。按照狼族规定，每隔 7 年，狼族首领就要挑选一位新的妻子。薇薇安出生名门，她的家族中的每一位女性都是传奇人物，所以薇薇安本人自幼就被选定为狼人首领加布里尔的第 N 任妻子，也是传说中可以带领狼族走向新纪元的女神般的人狼，这是她逃不脱的命运。

　　薇薇安由此陷入了矛盾的两难境地。一方面，爱情让她选择了艾登·加尔文；另一方面，如果与艾登在一起，势必会暴露整个狼族的秘密，进而给狼族带来毁灭的危险，这正是狼族首领加布里尔所担心的。薇薇安的表弟，加布里尔的儿子拉夫向他们发出了致命的警告，结果，这个喜欢在黑夜挑衅人类的狼人，在与艾登的打斗中，葬送了自己的性命。

　　加布里尔痛失自己的儿子，开始了疯狂的报复。每个月，狼人都会举行一个仪式。他们在人类中选中一个人，将他放逐

◎ 薇薇安变成狼人被艾登刺伤

后，群狼们竞赛般地追逐他，直到被狼人追上咬死。这次，艾登被他们选中，在一场仪式般的逐杀中，变身为狼的薇薇安试图阻止自己的同类伤害艾登，却不幸被艾登手中的银匕首刺伤，在艾登面前露出了原形。艾登这时才发现薇薇安的真实身份。他曾说：（狼人）不是怪物而是圣物，他们不在月圆之夜无法自抑地变身而是随心所欲地化身为狼在野地和林间驰骋。狼人并不可怕，他们只是隐藏在人类社会阴暗处艰辛地维系着种族繁衍和生息的种族罢了。他告诉薇薇安，她狼人身份无损于他对她的爱。

受伤的薇薇安反问自己的姨妈："告诉我，如何不为爱付出？告诉我，生命中还有哪些事更有意义？"在族群的规则与爱情之间，她义无反顾地选择了爱情。故事的结尾，变成狼人的加布里尔带着复仇的怒火扑向了艾登，一直举枪迟疑不决的薇薇安扣动扳机，将他射杀。故事的结尾，薇薇安迎来了爱情的春天。

可以说，《血腥巧克力》是一部探索"狼人"的生存与历史的演变的电影。故事以一个人与狼之间的爱情故事作为载体，借由女主人公薇薇安之口道出了狼人这个族群生存的无奈："事实上，这些'异类'一直在想尽办法以最快的速度适应时代的变迁，并在高度文明的社会里繁衍生息，他们希望人类不要因为某种不切实际的传说就对'狼人'做出不公正的判断。"

狼人领袖加布里尔，虽然他的外表还是一个年轻人，但实际上他的年龄跟他的能力一样古老。作为狼族的首领，加布里尔最为关心的就是狼人的生存和统一。由于狼人的分散与无组织性，几个世纪以来，狼人的数量逐渐减少，薇薇安的家族就是因为离群独居，最终因暴露了身份而惨遭灭门之灾。看多了狼人惨剧的加布里尔意识到，要躲避人类的追捕，严密的组织方式显得尤为重要。因此，加布里尔给狼人下了规定，不许他们单独出去猎杀人类，每一个月，狼人们可以杀死一个人类，释放狼人压抑的兽性。但薇薇安显然是狼人中的另类，她清高，痛恨和抗拒自己身上野性的一面，对狼人赖以生存的体制心存怀疑，因为它是建立在憎恨与复仇的基础上的。从某种程度上来说，薇薇安和艾登都是家族的背叛者。

加布里尔的儿子拉夫代表着新一代的狼人，他与手下的成员组成的"五人帮"，不像父亲加布里尔那么克制，他们时常在晚上，在原始欲望的驱动下，以保护自己不受人类侵犯为由，四处捕杀人类。拉夫的出现也是对狼人旧有的规则的批判，是蔑视规则的叛逆一代。

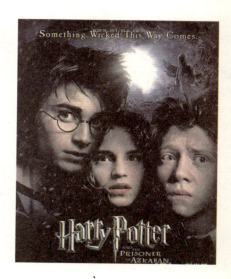

◎《哈利波特与阿兹卡班的囚徒》海报

在狼族的预言中，有一位女性将带领狼族进入一个新的纪元。薇薇安的格格不入代表着一种与传统规则和秩序不同的方向，在加布里尔看来，薇薇安这种与众不同的特质正预示着一种新的生存之道。

3.《哈利·波特与阿兹卡班的囚徒》

《哈利·波特》系列电影中充满了神奇与魔幻，西方传说中的神与魔都能在其中找到，而狼人，自然是不可缺少的元素之一。在《哈利·波特》系列电影的第三部《哈利·波特与阿兹卡班

◎ 卢平总是一副少年老成的样子

的囚徒》中，就出现了一个狼人莱姆斯·约翰·卢平（Remus John Lupin）。他是哈利三年级的黑魔法防御术老师。Lupin这个姓氏在英文中，意为"与狼有关的"，而在法国的一些地方，Lupin就是狼人的意思。在一个古老的传说中，有一对被母狼养大的双胞胎，其中之一就叫Remus，因此，单从名字来看，卢平教授就是个彻头彻尾的狼人。由于他逢月圆之夜就要变身，于是他的朋友给他起了一个绰号：月亮脸（Moony）。身为狼人，卢平无法找到有报酬的工作，所以他的衣服上总是布满补丁，也总是一副少年老成的样子，仿佛饱经了风霜。

在卢平尚未满10岁的时候，由于父亲得罪了臭名昭著的狼人芬里尔·格雷伯克，穷凶恶极的格雷伯克为了报复，在一个月圆之夜咬伤了卢平，把他也变成了一个狼人。

自从被格雷伯克咬伤之后，卢平就具有了狼人的某些特征。他的父母，想尽了各种办法帮助他摆脱狼人的诅咒，结果都于事无补。在阿不思·邓布利多的帮助下，卢平才有了机会进入霍格沃兹上学。

之前由于担心卢平狼人的身份不被学校里其他孩子的家长所接受，卢平迟迟未能上学。后来，邓布利多在学校场地中种一颗打人柳，用来掩盖通往霍格莫德尖叫棚屋的通道。这样，在月圆之夜，卢平就可以躲在尖叫棚中变身，而不用担心会吓到其他人。

在卢平11岁之前，他没有任何朋友，直到

他到霍格沃茨上学后，才结识了詹姆·波特（也就是哈利·波特的父亲）、小天狼星布莱克和小矮星彼得。朋友们发现，每个一段时间，卢平就要回家探望生病的祖母，然后消失几天。渐渐地，朋友们还是发现了他的秘密，于是他们去学习了阿尼玛格斯，这是一种可随意变成一种特定的动物的魔法，这样，在卢平变身之后，他们也可以变身成其他动物陪伴在他的身边。詹姆是一只牧鹿，也就是哈利的守护神，小天狼星则变成一只大狗，而小矮星则变成了一只老鼠。于是，每到月圆之夜，他们就会变身。并有着明确的分工——牧鹿和大狗负责与狼进行对抗，以阻止它伤害他人，而老鼠则跑到打人柳下按住静止开关，这样他们就能穿过秘密通道抵达尖叫棚屋，远离人群。一直以来，大家并未因为卢平狼人的身份而排斥他，相反，他们一直都是卢平的保护神。

　　但总有好事者喜欢打探别人的秘密。卢平的秘密引起了斯莱特林一个名叫西弗勒斯·斯内普的学生的注意，他一直想揭开卢平月圆之夜失踪的秘密，为此总是引来詹姆和布莱克的打击。

　　卢平在霍格沃茨的生活有声有色，他们根据霍格沃茨的地形制作了一张活点地图，上面标着霍格沃茨每个人的精确位置。在他六年级的时候，他的狼人身份不小心被斯内普揭穿了。在小天狼星布莱克的指引下，斯内普偷偷跟着卢平到了尖叫棚屋，目睹了卢平变成狼人的整个过程。幸亏詹姆及时相助，斯内普才没有被狼人所伤。

　　在从霍格沃茨毕业 12 年后，卢平又重新回到

◎ 小天狼星布莱克

了这里，这一次，他成了霍格沃茨黑魔法防御术的老师。利用斯内普教授帮他调制的狼毒药剂，他成功地隐藏了自己狼人的秘密。这种药剂可以使卢平在变成狼人的时候保持清醒的神志，这样他就可以安静地待在办公室里，等待着满月过去。

在卢平的心中，始终背负着罪恶感，这源于哈利·波特父母的死。原来，卢平从霍格沃茨毕业之后，和他的朋友们一起加入了凤凰社对抗伏地魔，当时小哈利刚出生不久，小天狼星成了波特夫妇的保密人。但是在这不久，伏地魔就找到了波特夫妇，波特夫妇惨死在伏地魔手里。于是，所有的人都认为，是小天狼星出卖了波特夫妇。不料罪魁祸首却另有其人。后来，小天狼星从阿兹卡班监狱逃脱的消息传来，卢平的内心又纠结了许久。一方面，他深知小天狼星可以变身为动物潜入城堡带来危险；另一方面，却因为胆怯不敢将这个告诉邓布利多，唯恐邓布利多知道他当年时常与朋友们在月圆之夜在学校周围游荡。

很快，真相大白于天下。卢平在跟踪小天狼星和小矮星进入尖叫棚屋后，发现了真正的背叛者——小矮星。原来小天狼星担心自己的保密人的身份很容易被伏地魔发现，于是他让毫不起眼的小矮星代替他，成了波特夫妇的保密人。他没有料到的是，胆小懦弱的小矮星很快屈服于伏地魔的淫威，泄露了波特夫妇的藏身之处，给他们招来了杀身之祸。小矮星还制造了一个假象，让所有的人都相信小天狼星出卖了波特夫妇。于是小天狼星成了众矢之的，被投进了阿兹卡班监狱。

卢平向哈利、罗恩和赫敏解释了事情的始末，为小天狼星洗脱了罪名，自己也与小天狼星重归于好。不料，这又是一个月圆之夜，未来得及服下药剂的卢平在满月之下变成了狼人，开始攻击其他人。于是乎，卢平狼人的身份便成了尽人皆知的秘密，第二天一大早，他就辞职离开了霍格沃茨。

在《哈利·波特与阿兹卡班囚徒》中，卢平的故事就到此结束了，在后来的几部中，依旧有他的身影。此后，他多次舍身帮助哈利，并成功地潜入狼人中，成了一个间谍。他收获了爱情，与尼法朵拉·唐克斯结成夫妇，有了自己的儿子泰迪·卢平。最后，在与食死徒的决战中，卢平与妻子唐克斯一起牺牲了。

魔幻世界中的狼人显得稀松平常，他只是众多的魔幻形象之一。卢平这个狼人形象，有着更多人的特点：自我牺牲、时而淘气，时而有些胆怯、忠诚、谦虚。变狼似乎只是他身体上的一个肿瘤，时隔一段时间就会发作一次。

4.《暮光之城》（twilight）

在以往的狼人电影中，即使有爱情的元素，也很难有人类的身影出现。最近热播的《暮光之城》系列电影，第一次在狼人、吸血鬼与人类三者之间产生了一段缠绵纠缠的爱恋。

《暮光之城》是根据美国作家蒂芬妮－梅尔的同名小说拍摄而成。梅尔本没有写作经验，她小说的灵感来自于一个梦。梦中，阳光明媚，一位少女和一个英俊迷人的男子坐在一片草地上说着情话。男子告诉自己的恋人，因为爱她，他不得不痛苦地压抑着猎杀她的欲望，因为他是一个吸血鬼。这个梦最终促成了《暮光之城》系列小说的诞生，小说共有 5 部，分《暮色》、《新月》、《月食》、《破晓》和《午夜阳光》。

◎《暮光之城》海报

目前电影已拍摄到第二部《新月》,影片讲述的是伊莎贝拉·斯旺与吸血鬼爱德华·库伦这对恋人之间的感情纠葛,其中融合了吸血鬼传说、狼人故事、青春校园等各种元素,深得年轻观众的喜爱。

在《暮光之城》中,女高中生贝拉转学至父亲工作所在地区的高中,遇到了来自吸血鬼库伦家族的爱德华,两个年轻人都被对方身上特殊的气息所吸引,很快走到一起,成为校园中瞩目的恋人。爱德华随着时间转变而变色的瞳孔,冰冷的手,不食人间烟火的生活,在贝拉面前暴露了自己吸血鬼的身份。贝拉没有退缩,反而选择了尝试融入这个吸血鬼家庭。

贝拉小时候的玩伴雅各布,却是吸血鬼的宿敌——狼人。根据两个种族多年前的约定,他们才得以共同生活在这个地方,和平共处。但贝拉的到来,把这两个种族拉到了冲突的前沿。深知爱德华家族的身份,雅各布不得不小心翼翼地提

◎ 爱德华的缺席让狼人雅各布成了《新月》的主角

醒贝拉。而深陷爱恋之中的贝拉，却不顾一切地选择了跟爱德华在一起，她甚至想让自己也变成吸血鬼，这样就能与爱德华永远在一起。

如果说，《暮光之城》是一场童话般的美梦的话，那么《新月》则是略带悲伤的梦醒时分。

第二部《新月》以贝拉的梦境开始，梦中是一位年老的妇女，她怅然若失地看着镜子中的自己，身边，站着永远17岁的爱德华。是的，这就是未来的贝拉。对于一个年仅18岁的女高中生来说，担心自己衰老似乎有点过早。但是当你知道，贝拉深爱的爱德华是一个永远都是17岁的吸血鬼时，她对衰老的恐惧显然并非杞人忧天了。

幸福的时光总是很短暂。在经历了一场生死劫难之后，贝拉和爱德华终于能够安然地在一起，不久，在库伦家族为贝拉举办的18岁生日派对上，贝拉不小心将手划破，鲜血的气息唤起了爱德华家人嗜血的本性。为了保护贝拉，爱德华选择了

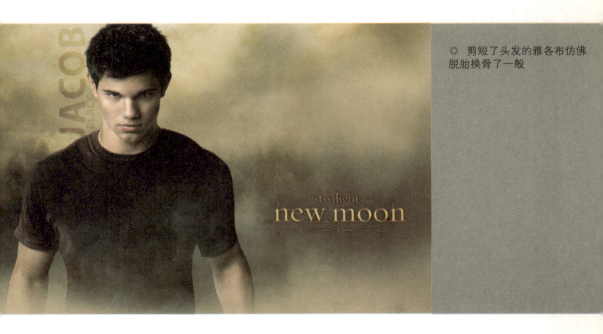

◎ 剪短了头发的雅各布仿佛脱胎换骨了一般

离开。

爱德华的离开令贝拉心灰意冷，她开始尝试各种冒险的举动。很快，她发现只要她一做危险的事情，爱德华的影像和声音就会在她身边出现。

爱德华的离开，让狼人成了《新月》的主角。年少不羁的雅各布一直默默地陪伴、保护着贝拉，尽管他深知贝拉心有所属，却一直默默地在她身边（续集中的雅各布在形象上有了很大的改变，他剪掉了《暮光之城》中那一头长发，短发的雅各布仿佛脱胎换骨了一般，变得帅气而成熟，加上他健硕的身材，平添了几分魅力）。

贝拉渐渐被雅各布所打动，但她也很快就发现，雅各布是狼人。这一次，就像她得知爱德华是吸血鬼而勇敢地选择融入吸血鬼家庭一样，她又选择了融入狼人的生活。已经成年的雅

◎ 雅各布与贝拉保持着一种微妙的感情

各布时常要与同伴一起作战，难免会冷落贝拉。孤单的贝拉为了能再次见到爱德华的幻影，纵深跳入了大海。

雅各布及时救了贝拉，但爱德华却误以为贝拉已经跳海身亡，巨大的打击促使爱德华决定做一个了断——他只身前往意大利沃尔图里，试图挑战最强大的吸血鬼王族，为的只是以求一死。

得知这一消息的贝拉为了挽救爱德华，与爱德华的妹妹爱丽丝一起前往沃尔图里。最后，在爱德华试图将自己暴露在阳光下自我毁灭之前，贝拉找到了他。

在得知精通读心术的爱德华无法读懂贝拉的所想之后，吸血鬼王族的领袖 Aro 对贝拉产生了极大的兴趣。经过一番实验，Aro 发现吸血鬼所有的特异功能对平凡的贝拉都毫无作用。这激怒了 Aro，他意识到贝拉知道了太多关于吸血鬼的事情，已经对吸血鬼构成了严重的威胁，决定除掉她。

爱德华为了保护贝拉，与 Aro 展开了搏斗。在紧急关头，贝拉决定以自己的生命来挽回爱德华的生命。她答应 Aro，同意变身为吸血鬼……暮色渐渐隐退，等待他们的是天边昭示着最漆黑的夜的一弯新月。

《暮光之城》系列中的狼人与吸血鬼与以往有了很大的不同，他们不再隶属于黑暗，可以像人类一样正常地生活在阳光下。吸血鬼在剧中的缺席使狼人成了《新月》的主角，雅各布率领的一众狼人，平日里与正常人无异，在关键时刻总是能瞬间变身为狼，拥有无比的能量。饰演雅各布的泰勒·洛特纳健美的身形成了影片的看点之一，剧中有大量狼人赤裸上身的镜头，狼人的生猛健硕与热情如火与吸血鬼的苍白阴郁、冰冷形成了鲜明的对比，在冰与火之间，贝拉左右徘徊。

不过，很多人认为这是一个孤独的狼人，在一段看不到结果的爱情中，自幼两小无猜的贝拉，17 岁时再度重逢，心里隐秘的情愫已渐渐滋长，却不料出现了一个高贵、优雅得近乎完美的雅各布，他完全占据了贝拉的心。在爱德华离开的日子里，贝拉与雅各布形影不离，两个人之间保持着一种微妙的感情，却又彼此都不点破，这段时间的相处给了雅各布很多幻想，以为可以与贝拉牵手走完一生。但爱德华的再次出现，贝拉义无反顾地投入他的怀抱，彻底打破了雅各布的幻想。尽管贝拉后来对他说：你是我生命中很重要的一部分，没有你，生命是不完整的。但是雅各布知道，那只是很小的一部分。从雅各布这个狼人的身上，许多人看到了人类的心性：祈求着某种不可能的爱情，却要在看到所爱之人牵着别人的手时，在心里淌着泪，还要面带微笑地送上祝福。

知识链接

黑魔法

黑 魔法的称谓来自于长期以来对于魔法和超自然力的盲目崇拜，因《哈利·波特》一片而一举成名。黑魔法的魔法来源属性是黑暗的，而且大多是跟恶魔借的力量，所以叫黑魔法。由于黑暗的力量比较邪恶，所以通常被拿去当诅咒。其实黑魔法也可以用作正面的用途。

第六章
现代医学眼中的狼人

"狼人"这种传说中的生物，在医学发达的现代，除了它在文化中的象征意味，医学能否揭开披在它身上的神秘面纱，揭露出它藏在传说故事背后的真实面目呢？

1 弗洛伊德 "狼人" 案例

一个活生生的人变成狼，如果不是魔法，那一定是幻觉吧？在现代社会，当魔法已成为童话故事的时候，一个人要想变成一匹狼，那他一定是出现了幻觉。事实上，在现代心理学上，有些心理疾病的确可以让人产生各种奇怪的幻觉。有时候，狼人只是一种心理疾病。

西格蒙德·弗洛伊德（Sigmund Freud, 1856.5.6 ~ 1939.9.23）是奥地利著名的精神病医生及精神分析学家，精神分析学派的创始人，以《梦的解析》著称。弗洛伊德认为，被压抑的欲望绝大部分是属于性的，性的扰乱是精神病的根本原因。尽管他的观点已被后人不断修正、发展，人们对他关于性是精神病根源的观点也一再抨击，但他卓绝的学说、治疗技术以及对人类心理隐藏的那一部分的深刻理解，开创了一个全新的心理学研究领域。在弗洛伊德的精神分析案例中，有 5 个被人们列为经典的案例，分别为："小汉斯"、"鼠人"、"狼人"、"少女杜拉"和"舒雷伯主席"，其中

◎ 弗洛伊德，精神分析学派创始人

一例与"狼人"有关。

这个案例中的病人塞尔吉尔斯·潘柯耶夫（Sergius Pankejeff）来自于乌克兰一个富裕的家庭。"狼人"这个称呼源自于他在弗洛伊德那里做分析时讲述的一个与狼有关的梦：他总是梦见自己看见自家窗外的树上坐着白狼，于是弗洛伊德用"狼人"来代称这个案例。

潘柯耶夫的家族有精神病史，父亲曾患有抑郁症，母亲对他疏于照料。由于母亲的缺席，他的姐姐和保姆在他幼年的经历中起了关键性的作用。在他大约 4 岁那年，开始出现精神疾病。在弗洛伊德与他的谈话中，他谈到了小时候做过的一个梦：他梦见自己躺在床上，窗户在床的正对面。梦中好像自己推开了窗户，结果看见窗外的一颗胡桃树上坐着 6 只全身白色像狐狸一样有着尖尖的耳朵和肥大尾巴的白狼，白狼静静地坐着一动不动。半年之后，他的焦虑性神经症便完全形成，交叉着强迫性神经症和动物恐惧神经症。此后，他一直遭受着心理疾病的折磨。

在这个案例中，弗洛伊德的一个中心词为"原初场景"（Primal scene），他通过患者的记忆构筑了一个原初场景，将患者的梦境还原为其婴儿时期目击的一个事件。根据弗洛伊德的分析，患者在婴儿时期目睹了父母交媾的场景。这个场景在年幼的患者心理上留下了毁灭性的震撼，即为"创伤"（Trauma）。这个"原初场景"被无意识地保留下来，混合着小时候听过的格林童话中《小红帽》中关于狼的故事，以及来自姐姐、保姆的阉割威胁，引发了诸如虐待、恐兽症、焦虑、耽迷等精神病症状。

在这个案例中，"狼"指代的患者幼年时期留下的创伤经验的象征，它不断出现在患者的梦境中，在患者试图掩盖这种原初经验的同时，却又不断地指向它。

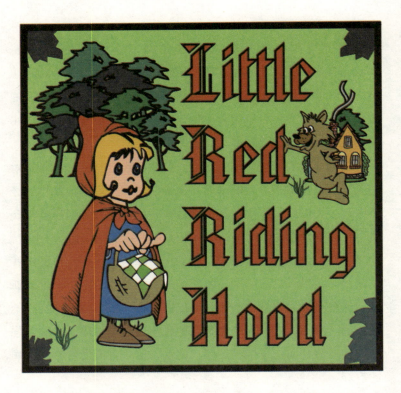

◎《小红帽》是家喻户晓的
童话故事

再来看看患者关于"狼"的信息，主要是来自于格林童
话《小红帽》中的小红帽与大灰狼的故事，在狼与患者的"原
初场景"之间，是如何实现链接的？

格林童话中的《小红帽》是一则家喻户晓的童话故事，
这则童话是许多人孩童时代，伴着自己入梦的一个故事，也
是许多父母最早念给孩子的童话故事之一。但实际上，这则
童话的寓意几经修改，早已淹没了原版的意涵。故事一代代
地流传下来，很少有人知道它的源流。

故事中的小红帽是一个"戴着红色披肩"、脸庞红润、带
着甜美酒涡、天真无邪的小女孩，在给生病的外婆送糕点的
时候，遇上了狡猾的大灰狼。大灰狼得知小红帽是去看望外
婆后，抢先赶到外婆家，不但吃了外婆，还装扮成生病的

外婆，躺在床上等着小红帽的到来。待到小红帽到了外婆家，狼外婆邀请小红帽到床上去，天真的小红帽意外地发现"外婆"的手臂变粗了。于是，小红帽满脸狐疑问外婆的手怎么回事。大灰狼回答她："这样才好拥抱你啊，孩子。"接着小红帽又发现"外婆"的大腿变大了，耳朵、眼睛、牙齿都变大了！大灰狼一一作答后，接着，就扑向小红帽，把她吃掉了。

这是一个在童话中流传很广的故事，在许多的解读中，这则童话的寓意在于告诫儿童："不要和陌生人说话。"但是，又有谁知道，在几百年前，这则童话却是流传在成年人之间的色情故事。

故事的最初版本中，小红帽脱光了衣服钻进了大灰狼的被窝里，和大灰狼一起睡觉，然后被害。故事的结尾，作者告诫年轻的女孩子，不要轻易上当，"郎"可能是"狼"。至今，人们还用"色狼"来形容那些心怀不轨的人。

1697 年，法国诗人佩罗曾为骄奢淫逸的法国太阳王写过一个法文版的《小红帽》。当时的法国国王路易十四在巴黎乡间建了一座精致的庭园，堪称是巴黎的拉斯维加斯。王公贵族们在这里花天酒地，夜夜笙歌，整个宫殿里奢淫至极。大臣们不是观赏芭蕾舞、划船、打撞球，就是在流连于夜间的酒席。甚至在凡尔赛宫的建筑里，也设有别馆。受过培训的高级妓女在皇宫里出入，被封为"官方情妇"。据说，路易十四的双性恋兄弟杜克德奥良公爵的后裔遍布了欧洲各国信奉罗马天主教的皇室。

佩罗在这个背景下撰写的《小红帽》，暗示着这种奢淫生活背后暗藏的危险。在该书出版之前，在书中有一幅插画中，大灰狼毫无掩饰地躺在小红帽身上。根据书中的情节，这时小红帽刚脱下衣服，钻进了大灰狼的被窝。画中的小红帽斜倚在枕头上，温情脉脉地抚摸着大灰狼的大鼻

◎ 小红帽略带羞涩的看着大灰狼

子。故事的结果是，大灰狼露出狰狞的牙齿，吃掉了小红帽。

这其中的意蕴一目了然，淫乐的背后潜藏着巨大的危险性。因此在欧美地区，至今还有一句形容女孩失去贞操的俚语："她遇见野狼了。"

1862 年，法国施特拉斯堡著名插画家杜雷出版了"小红帽"系列作品，其中一幅作品中，小红帽与大灰狼并肩躺在床上，在白色无边软帽的衬托下，大灰狼依旧显得阴险且具有威胁性，它的身体向前倾，而小红帽则披散着头发，穿着短袖睡衣，她紧紧地拽着被单挡在胸前，脸上露出羞涩退缩的神情，瞪大眼睛看着旁边的大灰狼。这其中的性爱寓意不言自明。

到 1976 年的时候，弗洛伊德学派的心理分析学家班特海姆在其出版的畅销书《魔法的种种用途》中，就以这张图画做为书的封面，还在小红帽的脸颊上抹上了两朵红晕，再次强调了寓言中的性寓意——《小红帽》中的大灰狼不仅仅是凶残，正如我们日常所说的，它还是一匹"色狼"。

《小红帽》的故事几经修改，在不同的时期呈现出不同的寓意。近些年小红帽的故事已经出现了令人瞠目结舌的情节：大灰狼穿上了小红帽标志性的衣服，在吃下了小红帽之后，居然怀孕了！

回到最初的问题，在大灰狼与患者的"原初场景"——父母交媾的场面之间，由于患者小时候读过的《小红帽》的童话，大灰狼这个具有强烈的性暗示的符号，就与"原初场景"之间链接了起来。

知识链接

杜雷（Gustave Dore）

杜雷（1832.1.6~1883.1.23），不仅是 19 世纪最成功的插画家，也可能是有史以来最伟大的插画家，出生于法国施特拉斯堡，自幼就显露出他的艺术天分，5 岁时开始在石头上刻画，15 岁时出版了第一部作品《赫克利斯的业绩》，开始其辉煌的艺术生涯。他为拉伯雷、巴尔扎克等作家所做的插图让他一举成名，而他为《圣经》以及淡定、米尔顿、塞万提斯等人的作品所作的插画，更是将他推上了一个插画界无法逾越的巅峰。至 19 世纪后半叶，杜雷的创作室几乎左右了整个插图版画工业。在他短暂的一生中，一共制作了 4000 多种版本、10 万多幅金属版和木版插图画，他的作品散见于《失乐园》《圣经》《神曲》和《堂吉诃德》等插画作品。

2 变狼妄想症

在很多狼人的故事中，有的人自称自己变成了狼人，例如在波尔多的一个案例中，一个人自称是狼人。他说，每当他看着镜子里的自己时，他感觉自己的毛发与牙齿都在发生变化，一种嗜血的欲望在他体内升腾，他感觉自己变成了一匹狼。但是在别人看来，他还是原来的样子。在现代心理学上，这种幻想自己变成狼或被狼灵附身的症状，心理学家称之为"变狼妄想症"（Lycanthrope）。患上变狼狂想症的人常常会有一些类似狼的举动，例如，发出低吼的咆哮，或者像狗一样狂吠，四肢匍匐在地上行走，吃生肉，还随地便溺。

在很多人看来，狼人就是一种精神错乱。正如一个穷困潦倒的人会幻想自己腰缠万贯，一个体弱多病的人会幻想自己身强力壮，那些天性残忍的人会把自己想象成残暴的狼或者熊。至于产生幻想的原因，则是五花八门。从现代心理学的角度来看，许多因素都可能成为"变狼妄想症"的诱因。比如，发热的人，他的神经系统会受到影响，从而改变了他对周围环境的感知，他们会觉得自己的四肢朝四周延展，周身长出了绒毛；还有患了风寒症的人，会感觉自己的身体被从中间劈开；偏执狂也是"变狼妄想症"的一种，而且往往越偏执，就越容易陷入妄想。

还有一种则是通过服用一些能够产生迷幻作用的草药或者植物，那些渴望变狼的人在药物作用下，会幻想自己变成了一匹狼。这种方法在一些巫术中经常会出现，巫师经常会制作一些药膏把人变成动物。

这些药膏的成分主要包括以下几种：致幻剂、乌头草、黑莨菪干叶、颠茄、鸦片等。从这几种材料中可以看到，除了致幻剂，集齐了各种材料之后，巫师会用一种特质的油膏将它们混合起来，有时还会往里面添加一些蝙蝠血，最后

◎ 颠茄

加入迷幻药，药膏就制成了。这种药膏的效果究竟如何呢？让我们来看看古罗马作家阿普列乌斯·卢修斯（Apuleius Lucius）留给后人的长篇小说《金驴》中的一段描述：

　　福蒂斯穿过了一道小门，然后招呼我跟着她走了进去，进去一看，我发现帕米尔正在脱衣服。只见她三两下把自己扒了个精光，然后从旁边的小柜子里拿出了几个小瓶子。打开瓶盖之后，她从里面挖了一些药膏，然后她把药膏在掌心里搓了搓，开始往自己身上抹，没过多久，她就在全身涂满了药膏。接着她开始对着旁边的油灯喃喃自语，好像是在跟它说话一样。说完之后，她又开始上下挥舞自己的胳膊，像是要飞的鸟儿一样。只见她先是用力挥舞了几下，然后开始慢慢地上下摆动，过了一段时间之后，她的嘴巴慢慢变成了又尖又长的喙，她的身体开始长出又细又软的绒毛，手脚变成了鸟爪子。就这样，刚才的帕米尔突然完全变成了一只猫头鹰，只见她打开窗子，把翅膀张到最大，然后呼啸一声，从窗子上飞了出去。由于以前从未见过这等情形，我一时惊呆了，许久才回过神来。于是我一把抓住福蒂斯的手，央求她把我变成猫头鹰。我对她说，如果她能把我变成一只猫头鹰的话，我愿意一辈子成为她的奴仆，为她做任何事情。

　　"好吧。"福蒂斯答道，然后她从旁边的柜子里又拿出了一盒药膏，递到我的手上，然后就消失了。惊喜之下，我抱着装药膏的盒子亲了好几口，然后我一边想着自己飞上天空的样子，一边迅速脱衣服，开始把药膏涂到身上。涂完之后，我也开始上下挥舞自

己的双臂，模仿鸟儿飞翔的样子。可是过了没多久，我突然发现自己不仅没有长出翅膀，反而长出了一双驴蹄子。我的身上呢？天哪！长出的也不是羽毛，而是驴皮。

不仅如此，我还慢慢感觉到自己的颈椎下面开始突起、突起、突起……直到最后，我居然长出了一条驴尾巴。我的脸开始变长，嘴巴变得越来越大，鼻孔也开始喘出了粗气，很快。一切都平静了下来：我变成了一头驴！

看来，这种药膏的确能使人产幻觉，但是究竟会变成什么，似乎并不为人所控制。

在关于巴萨卡的传说中，他们会陷入一种疯狂的状态，一股魔鬼般的力量驱使着他们做出各种骇人听闻的举动。他们没有了疼痛的感觉，眼睛像熊熊燃烧的火焰一样闪闪发光，牙齿磨得作响，口吐白沫，发出狼一般的嚎叫。巴萨卡的种种特征，从现代医学的角度来看，是一种癫狂或狂迷症，可能是斯堪的纳维亚地区的一种疾病。这种病一旦发作之后，人会做出各种类似动物一样的举动，例如，嚎叫，口吐白沫，因为情绪失控而攻击人或者动物，嗜血。等这种发作过去之后，他们会变得非常的虚弱，大部分人会感到异常的疲惫。

患有"变狼妄想症"的人，往往会认为自己在变成狼之后会行凶，有时候甚至会幻想出一些伤害他人的情节来。对于他们而言，他们是在变成狼的情况下才会做出各种恶行，所以，人们应该看到的是一只野狼在行凶。但是，几乎所有的目击者都能将他指认出来，

◎ 阿普列乌斯·卢修斯的《金驴》

认为他才是他们看到的行凶者。

　　一个发生在 17 世纪末的事情将"变狼妄想症"与狼人联系了起来。大约在 1692 年的时候，在立沃尼亚的 Jurgenburg，一位名叫西斯的人承认，他和其他的狼人都是上帝的猎犬——他称他们为武士，常常深入地狱与巫师和魔鬼战斗。因为他们的努力，才使得魔鬼和他的走狗们没有能够将地球上的大多数人带走。西斯坚信自己所言，并称在德国、俄罗斯的狼人也在与地狱的魔鬼战斗，这些狼人死了之后，他们的灵魂就会升入天堂。结果，西斯以偶像崇拜和迷信罪，被罚鞭挞十次。

　　有的时候，"变狼妄想症"患者甚至会幻想出他们行凶的情节。例如，在法国大革命期间，有几名水兵到法庭自首，他们声称杀害了皮格特船长。他们把案情的经过描述得有板有眼，如何潜入皮格特的船，如何残忍地将他杀害，甚至连他身体的藏身之处，他们都记得一清二楚。法庭立即展开调查，结果却令人颇感意外：皮格特早在半年前就已经溺水身亡，根本就不是这几个水兵所为。法官猜测案件只是这几名水兵的幻想，于是宣判他们无罪。

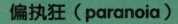

知识链接

偏执狂（paranoia）

偏执狂是一种罕见的精神病，最常见的症状是夸大被害感或有关躯体异常的妄想。偏执狂病与以下几个因素有关：1. 遗传倾向；2. 具有特殊的个性缺陷，表现为主观、固执、敏感多疑、易激动、自尊心强、以自我为中心、自命不凡、自我评价过高、好幻想等；3. 精神因素诱发。

　　按照巴甫洛夫的观点，偏执狂是强迫而不可遏止型的人所发生的，这类人的神经系统具有抑制过程不足，兴奋过程占优势的特点。当他们受到挫折时，神经系统的兴奋过程便过度紧张，在大脑皮质形成病理性惰性兴奋灶，这个"孤立性病灶"与异常牢固的情感体验和意图有关，并且由于它的兴奋性异常强烈，通过负诱导机理在其周围出现广泛的抑制，阻滞了大脑皮质其他部分对它的影响，因而患者对自己的状态缺乏控制。

3 身体出了什么问题

    除了在心理上会产生变狼的幻觉外，一些人类的疾病，在医学较为落后的古代，也容易使人将其归咎于某种神秘的力量。例如，在黑死病席卷中世纪的欧洲时，人们往往将其归咎于巫师作乱或魔鬼附身。所以，狼人的出现，也许与当时的一些疾病有着某种关联。

    1. 狂犬病

    流行病似乎总是与文明同时出现，且是文明相伴相随的同道者。在许多远古时期的生物体遗体中，科学家们发现了许多现代社会仍在威胁人类健康的疾病和细菌。在一些古代的动物身上，科学家就发现了龋齿和寄生虫病；在许多古埃及雕像上，也能看到脊髓灰质炎病毒的影子。在众多的流行病中，世界上最早留下记录的，就是狂犬病毒。在公元前 2300 年的美索不达米亚的埃什努纳（Eshnunna）法典中，我们就能找到一条关于狂犬病的条款："如果狗疯了，而且当局已将有关事实告诉其主人，但他却不将狗关在家里，以致狗咬伤一个人并引起死亡，则狗的主人应赔偿 27 个锡克尔（古银币，约重 16 克）。如果狗咬了一名奴隶并引起死亡，则狗的主人应赔偿 15 个锡克尔。"这恐怕是世界上关于狂犬病的最早记载了。

    在古希腊的许多后来的文献中都能找到关于狂犬

病的记载，当时对狂犬病的认识就已经达到了很高的水平。例如古希腊哲学家亚里士多德在他的著作《动物史》中曾有关于狂犬病的介绍："狂犬病能使动物发疯。除了人以外，无论什么动物，只要被患狂犬病的疯狗咬伤后，都会患这种病。对疯狗本身及任何被它咬伤的动物，这种病都是致命的。"亚里士多德准确地认识到了狂犬病的传播特点和途径，但他认为人不会感染上狂犬病，这点显然是错误的。

随着狂犬病在世界各地的不断发生，人们对它的认识也越来越接近本质。到公元 1 世纪的时候，人们就已经认识到，狂犬病病毒是通过疯狗口中的唾液传播的。罗马帝国名医塞尔萨斯最早用 Virus（病毒）来命名狂犬病，virus 在拉丁文中的意思是"粘液"。显然，塞尔萨斯医生已经认识到了唾液在狂犬病传播中的致命后果。

在医学不甚发达的时期，对狂犬病的治疗是非常恐怖的。要么在伤口上撒腐蚀剂，以杀死病毒，要么拔火罐、烧灼，以高温消灭病毒，或者靠吸吮把病毒吸出来。更为恐怖的治疗方法，是古希腊一位名医盖仑（约 130～200 年）发明的，他采用将被狂犬咬过的肢体截去的方法来治疗狂犬病。这种在现代人看来异常

◎ 亚里士多德

◎ 罗马名医塞尔萨斯

◎ 盖仑是最著名的医生和解剖学家

◎ 电影《狂犬病》

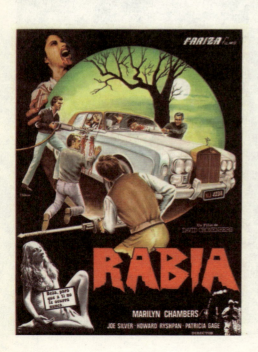

残酷的治疗方法，在当时的条件下，却也不失为一个明智的选择。

从历史资料来看，狂犬病发端于亚洲或欧洲，在这些地区已经有了几千年的历史。公元900年，法国里昂一只熊咬伤20人，致其中6人感染狂犬病死亡。1271年，西欧的狼群中爆发狂犬病，疯狂的狼冲进村庄袭击人畜，致至少30人死于狂犬病……

18世纪，随着欧洲殖民的足迹踏上美洲大陆，狂犬病被带到了西半球。1753年，北美弗吉尼亚殖民地首次发现狂犬病；1768年，首例狂犬病案例出现在波士顿；到1785年的时候，狂犬病已经扩散到整个美国北部；1806年，一名英国官员将这种病毒带到了阿根廷……

那些不幸传染上感染病的人，在经历过2~8周，甚至1年的潜伏期后，开始发病。发病时，病人会变得焦躁不安，并变得极具攻击性，会攻击周围的人和动物，惧怕水，因此，狂犬病又叫恐水症。

让我们来看看一些作品中关于狂犬病人发作时的描写：在《藏獒传奇故事》中，梅朵拉姆问父亲："传染上狂犬病会怎么样？"父亲告诉她说："那就会变成神经病，趴着走路，见狗就叫，见人就咬，不敢喝水，最后肌肉萎缩、全身瘫痪而死。"而在1977年的电影《狂犬病》中，患狂犬病的人会口吐绿液，双眼发光，见人就咬，很快就不治身亡。

狼人在中世纪的欧洲已经是一个妖魔化的

形象，看看那个时期关于狼人的描述：狂躁，富有攻击性，残忍嗜血，通过被狼人咬伤，也可以变成狼人。这种种特征都与狂犬病发作时的症状相吻合。

那个时期的人们对狂犬病的认识还处在蒙昧状态，他们将狂犬病视为"来自上帝的惩罚"。当人们看到一个见人就咬、见血就喝的人时，难免联想起那个有史以来就在民间流传广泛的狼人。

2. 卟啉症

据说，最早发现卟啉症（Porphyrin）的人是古希腊医生希波克拉底（Hippocrates of Cos II，约前460～前377年）。希波克拉底被誉为西方的"医

知识链接

希波克拉底誓言

以古希腊著名医生、西方"医学之父"命名的医生执业宣言，是西方医生的行为规范。誓言内容如下：

依赖医神阿波罗·埃斯克雷波斯及天地诸神为证，鄙人敬谨直誓，愿以自身能力及判断力所及，遵守此约。凡授我艺者，敬之如父母，作为终身同业伴侣，彼有急需，我接济之。视彼儿女，犹我兄弟，如欲受业，当免费并无条件授之。凡我所知，无论口授书传，俱传之与吾师之子及发誓遵守此约之生徒，此外不传与他人。

我愿尽余之能力与判断力所及，遵守为病家谋利益之信条，并检束一切堕落和害人行为，我不得将危害药品给与他人，并不作该项之指导，虽有人请求亦必不与之。尤不为妇人施堕胎手术。我愿以此纯洁与神圣之精神，终身执行我职务。凡患结石者，我不施手术，此则有待于专家为之。

无论至于何处，遇男或女，贵人及奴婢，我之唯一目的，为病家谋幸福，并检点吾身，不作各种害人及恶劣行为，尤不作诱奸之事。凡我所见所闻，无论有无业务关系，我认为应守秘密者，我愿保守秘密。尚使我严守上述誓言时，请求神祇让我生命与医术能得无上光荣，我苟违誓，天地鬼神实共殛之。

这一誓言可能在希波克拉底之前就已在医生中口口相传，直到希波克拉底第一次用文字把它记录下来。该誓言沿用至今已有2000多年的历史，至今仍为许多国家医生的职业规范。

◎ 蒙昧时期的人将疾病视作上帝的惩罚

学之父"，西方医学的奠基人，他的医学观点对西方医学产生了深远的影响。据说，古代西方医生在执业之前，都要宣读一份以希波克拉底命名的誓言，以规范医生对病人、社会的责任，即希波克拉底誓言。

希波克拉底医生当时将卟啉症归结为一种血液病或肺病。到 1871 年的时候，卟啉色素与卟啉症之间的关系才被德国生物化学家菲利克斯·霍珀塞勒发现。到 1889 年，这种怪病被正式命名为"卟啉症"。

历史上，英国的乔治三世（George III，1738.6.4 ~ 1820.1.29）据说就患上了卟啉症。乔治

◎ 乔治三世晚年备受卟啉症的折磨

三世在他晚年的时候，备受精神问题困扰，他曾出现
5 次精神错乱，身体上也出现异常，跛足、声音变得
沙哑，有时还伴随着剧烈的腹痛和肢体疼痛，心跳加
快、失眠。他的行为也随之变得怪异起来，一向很自律、
对自己的孩子谆谆教导的乔治三世性情大变，有一次
竟袭击自己的儿子。为了防止他进一步伤人，人们不
得不将他铐在椅子上，对他进行强制性的鸡尾酒治疗，
直至后来被送到温莎堡过着与世隔绝的生活，在那里
终老。他的这段历史被后人拍成电视剧和电影《疯狂
的乔治王》。

　　其实，人们都错怪了这位尽职的国王，他的疯狂
是为疾病所折磨着，这个秘密直到 1970 年才被揭开。
两位精神病理学家在整理乔治三世的诊断记录时，一
种症状引起了他们的注意：红色的尿液。这是卟啉症

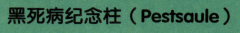

知 识 链 接

黑死病纪念柱（Pestsaule）

又名"三位一体纪念柱"，位于维也纳葛本拉大道中央，1693
年哈布斯堡王朝雷翁波特一世（Emperor Leopold）为了感谢
上帝终结黑死病而建。

　　纪念柱由多位著名艺术家携手完成，跪于纪念柱最底层的人
物为向上天祈祷的雷翁波特一世，而最上方的雕像描述的则是天
使踢落代表黑死病的女巫。1679 年，黑死病肆虐维也纳，造成欧
洲大量民众死亡，黑死病纪念柱代表了黑死病肆虐维也纳这段灾
难历史，也是巴洛克时代最具代表性的雕刻之一，影响着奥地利
的艺术风格。

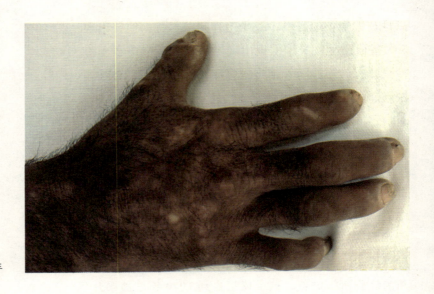

◎ 卟啉症患者的手

的一种典型症状，主要是由于血液中缺乏某种蛋白质引起的，有时还会引起腹痛及晕厥。

2003 年，英国肯特大学的马丁沃伦教授在后世保留的乔治三世的头发样本中，发现了高含量的砒霜——砒霜被认为是卟啉症的诱因之一。至于砒霜的来源，人们从乔治三世的医疗记录中发现一种由"锑"制成的药物。锑是一种含有较大量砒霜的物质，尤其是在提炼技术尚不发达的乔治三世的时代，锑中砒霜的含量更是可想而知。乔治三世一生中大量的时间都在服用这种药物，日积月累，体内积蓄了大量的砒霜，这无异于服毒自杀。

卟啉症的症状起初表现为脸部、颈部和手背等暴露在光线下的部位轻度地多毛，色素沉着。待病情加重之后，患者会呈现出恐怖的外貌特征。

患者暴露在光线下会产生一系列的过敏反应，如

皮肤会起水泡、疹子，甚至会出现脓包、溃烂。这主要是由于卟啉这种色素引起的。这是一种光敏感色素，大多集中在人的皮肤、骨骼和牙齿上。阳光会引起卟啉的剧烈反应，进而转化为可以吞噬人的肌肉的食肉型毒素，所以，卟啉症患者只好像传说中的吸血鬼一样生活在黑暗中。一些严重的患者，牙齿和骨骼会呈红褐色，鼻子和耳朵会被侵蚀掉，嘴唇和牙床被腐蚀后，会露出红褐色的牙根。皮肤被腐蚀的斑驳，因为贫血而显得异常惨白。卟啉症患者还要小心地避免大蒜，因为刺激性的大蒜会加重病情，引得患者痛苦不堪。

为了缓解症状，大多数卟啉症患者不得不输血和补充血红素。所以，当一个皮肤被腐蚀掉、露出尖利的红色牙齿的卟啉症患者，还不得不靠补充鲜血来缓解病情时，人们自然会把他与那个夜月里杀人如麻、嗜血成性的狼人联系起来。

引发卟啉症的因素有很多种，基因突变、饮酒过度和环境污染都会引发这种疾病。在上个世纪50年代的土耳其，曾有约5000人因食用了喷洒过除真菌剂六氯苯的小麦后，患上了卟啉症，上百人在这次事件中丧生。

1954年，土耳其政府分发了一批小麦籽粒，这些小麦籽粒本来是打算用来播种的，但由于运输途中耽误的时间太久，运到的时候已经过了播种的季节。于是，这批用含有10%的六氯苯的除真菌剂保存的小麦籽粒的用途便被改变了，人们将它用来制作食物。

到1956年初的时候，许多人都出现了类似卟啉症的症状。尽管到1959年的时候，政府已经停止了使用含六氯苯的除真菌剂，但直到1961年，患这种病的人数才逐渐减少。一些报告指出，大约0.05g/d到0.2g/d的六氯苯的摄入量就可以使人在很长的一段时间里患病。后来经过长期观察研究发现，在摄入六氯苯到发病，大约需要6个月的时间。此后，六氯苯被禁止使用。

现代社会依旧不乏这样的病例，生活在美国宾夕法尼亚州的女孩卡西·克纳夫就患上了罕见的卟啉症，连普通的室内灯光都会在她身上引起反应，所以她只能终日生活在黑暗中。医生诊断她的父母身上都携带着非常罕见的"先天血红球卟啉症"变异基因，卡西遗传了这种基因，一出生就表现出对光异常地敏感。

到目前为止，卟啉症依旧是医学界的怪病，至今无人能找到解决的方法，输血治疗仍是唯一的缓解病症的方法。万幸的是，这种病例并不常见，目前全世界大约只有100例左右。

3. 麦角菌

除了以上两种疾病之外，如前面章节中提到的墨西哥狼人家族所患的"狼人综合症"也是一种会产生类似狼人症状的疾病。麦角菌使人发病后也会引起类似的症状，也有可能被人们误认为是狼人。

麦角菌是一种子囊菌，喜寄生在黑麦、大麦等植物上，在麦粒上长成菌核，这种菌核的外形呈角状，人们称之为麦角。麦角菌有两种特性，一是坏疽性，二是惊厥性，食入了含有麦角菌的食物，会引发中毒，引起肌肉和四肢不断地抽搐，手足、牙齿、乳房渐渐麻木，失去知觉，毒性进一步发作之后，以上部位的肌肉会逐渐溃烂剥落，直至死亡。

在中世纪的欧洲，饥荒使得农民食物严重不足，许多农民用长了麦角菌的黑麦做面包，吃了这种面包的人陆续出现了各种症状，引发大规模的中毒事件，造成数以万计的人死亡，大批孕妇流产。

◎ 黑麦。麦角菌经常寄生在黑麦上

　　麦角菌还会引起昏睡，有时还会使人产生幻觉。在墨西哥的一个偏僻村庄里，每当祭神节来临的时候，村里的阿兹蒂克人就会聚集在一间神秘的茅屋里举行神秘的仪式。一位名叫萨古那的西班牙传教士无意中发现了其中的秘密。

　　一天晚上，他听到茅屋里传来了一阵鼾声，在好奇心的驱使下，他推开了茅屋的门，却看到了惊人的一幕：

村民们横七竖八地倒在屋子里，正呼呼大睡。屋子中央的桌子上，还残留有村民吃剩下的淡紫色牛角状的食物。萨古那尝了一口，觉得又苦又涩，便将它放下了。

回到家中之后，萨古那眼前浮现出一些奇怪的景象：张牙舞爪的美洲豹、青铜色的火鸡、各种妖魔鬼怪在乱舞……疑惑不解的萨古那将这个奇怪的现象留在了日记里，未等到他解开这神秘背后的谜，他就离开了人世。后来，一对美国夫妇约翰和沃森无意中看到了他日记里的这段奇怪经历，对人种学和人类发展史颇有兴趣的约翰、沃森夫妇决定前往墨西哥一探究竟。

为了赢得村民们的信任，他们为当地村民治病，救治了不少危重病人，终于被村民所接纳。于是，在祭神节到来的时候，约翰、沃森夫妇被邀请参加。在仪式的现场，他们看到一位担任祭主的老妇人一口气吞下了20个"牛角"，然后将剩下的分发给村民，大约10分钟后，村民们又唱又跳，陷入一种疯狂的状态。约翰夫妇也吃了几个，不久便也昏昏沉沉。第二天，约翰夫妇从昏睡中醒来后，发现村民们仍在酣睡，他们取了几只牛角跑回住所，将它寄给了美国生物学家海姆博士。据他们后来回忆，他们昏昏沉沉中，眼前好像出现了火鸡、远古时代的武士……

经海姆博士鉴定，这种牛角中含有一种会使人产生幻觉的真菌，这种真菌就是麦角菌。吃了带有这种麦角菌的食物，人们会产生各种奇怪的幻觉，眼前会出现各种奇怪的事物，有时候还会

◎ 人们若食用了含麦角菌的黑麦面包会中毒

感觉自己的身体像是被劈成了两半。

在中世纪的欧洲，麦角病肆虐了几个世纪，在当时造成极大的恐慌。许多人也因此遭殃，成了无知的牺牲品。其中最惨烈的莫过于"塞勒姆审巫案"。

塞勒姆是家喻户晓的小镇，它的知名度不是来自于它美丽的风光，也不是来自于它悠久的历史，而是由于300年前在这里发生的一系列惨案，至今，"塞勒姆审巫案"在每一本历史教材都有记载。

事情的开端，源自于1691年一位牧师6岁的女儿突然得

◎ 塞勒姆小镇

了一种怪病，她走路踉跄，浑身疼痛难忍，还伴随着突发的痉挛，面部表情狰狞恐怖，紧接着，女孩 7 个十多岁的玩伴也出现了相同的症状。在医生治疗无效后，有人猜测这是巫术在作怪，而这些女孩的举止看起来也的确像中了邪，她们会反复说着一些莫名其妙的话，突然尖叫起来，有时会结成一伙摆出各种僵硬静止的姿势。

　　是谁施的巫术呢？人们最先把目光投向了牧师的女奴蒂图巴。蒂图巴来自巫术盛行的巴巴多斯，再加上她卑微的女奴身份，显然，

◎ 巴巴多斯是个岛国，据说这里巫术盛行

她的嫌疑是最大的。于是，人们让那些"中了邪"的女孩揭发是谁对她们施了巫术。果然，蒂图巴被指认，与她一起被揭发的，还有一个女乞丐和一个孤僻的老妇人。

从这以后，小镇上掀起了一阵"巫师揭发"的风暴。在这场风暴中，有人揭发自己的邻居，有孩子揭发父母，有兄弟姐妹之间互相揭发，还有夫妻互相揭发。小镇上一下子涌现出大量的巫师，审巫风潮也像潮水一般的涨了起来。

　　这场审巫风潮将 19 个人送上了绞架山，4 个人死于监狱中，还有 200 多人被逮捕监禁。

　　到 1692 年的秋天，仿佛从噩梦中惊醒过来一样，人们开始质疑审巫案。波士顿著名牧师英克里斯·马瑟（曾为哈佛大学首任校长）发表《良心案》指出："哪怕错放过十个巫婆，也不该冤枉一个无辜。"

　　事件引起了总督费普斯的注意，他要求定罪必须要有令人信服的证据。于是，在排除了"坦白揭发"、"巫婆的光圈"这一类证据之后，最后一批 33 名被告中的 28 人被判无罪，其余的人在后来也得到了赦免。1693 年 5 月，所有被指控的人都被释放，塞勒姆审巫案宣告结束。

◎ 哈佛大学保存的英克里斯·马瑟手迹

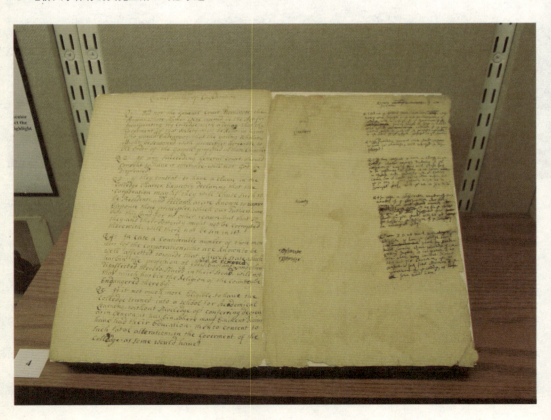

◎ 圣安东尼与一名捐赠者

在没有了巫师的日子里，那些曾经"中了邪"的女孩们也恢复了正常，平安地度过了一生。但在很长一段时间里，人们都无法找到那些少女发病的真正原因。直到20世纪的70年代，人们才发现寄生在黑麦中的真菌——麦角菌才是这场灾难的罪魁祸首，在那场"审巫案"中死去的人，都不幸地成了替罪羊。

◎ 名画《圣·安东尼的诱惑》

由于救助这些麦角菌中毒者的人，大多为安东尼的信徒，人们又将麦角病称为圣安东尼之火（St. Anthony's Fire）。后来，随着面粉加工技术日益精良，混在小麦中的麦角被除去了，这种令欧洲人胆战心惊了几个世纪的病也得到了控制。

不仅如此，人们在了解了麦角的特性之后，对它加以合理的利用，使它们成为一些重要的药物。麦角中含有的麦角胺、麦角毒碱、麦角新碱这3类生物碱，可引起肌肉的痉挛收缩，可有效地止血，成为妇产科疗效很好的药物。

知识链接

圣·安东尼

圣·安东尼是一位来自埃及的虔诚基督徒，旷野教父的著名领袖。他在父母去世之后，将财产全部分给穷人，自己躲进墓地修行。期间，魔鬼对他施以种种诱惑，圣安东尼均不为所动。名画《圣安东尼的诱惑》就表现了在周围各种人物拼命追求欲念时，圣安东尼依旧不受影响，暗自岿然不动。许多教派都有自己的纪念圣安东尼的宗教节日，东正教和西方教会为1月17日，科普特教会为1月30日。

第七章
狼文化中的人狼关系

《狼图腾》出版以来，狼性文化很快成了众多企业的企业文化，甚至有许多人以狼性励志。一时之间，"狼性文化"蔚然成风，"狼道"、"狼性法则"等开始风行。

1 狼性文化的崛起

狼，食肉目哺乳动物，生性残忍机敏，多疑且贪婪，群居性极高。群狼内以最强者的头狼，为狼群的领导者。狼性文化的推崇者从狼的这些特性中归纳出狼性文化的主旨，即为：野、残、贪、暴。这种特性体现在企业管理上，就是"对工作、对事业要有'贪性'"，对待工作

◎ 狼性文化的主旨是野、残、贪、暴。

中的困难要像狼一样毫不留情地将其攻克，且不能仁慈对待。

这种将狼性移入人类社会并加以推崇的，是著名的企业家、华为集团的创始人任正非；而将狼性文化推向高潮、引来众多人士为狼讴歌的，则是姜戎的《狼图腾》。通过对这两个关键性人物的回顾，我们可以一窥狼性文化的发展路径。

1. 任正非，"狼性文化"首推者

以区区两万元起家，创造了名震中外的华为，要问任正非是如何实现这样一个奇迹的，那么非"狼性文化"莫属。1995年开始着手创办，1998年深圳华为科技有限公司诞生。在短短的两年时间里，华为已在业界声名远扬，这就是任正非创下的华为基本法则。当年已经44岁的任正非，若非一股"土狼"一般的冲劲，又怎么可能创下如此奇迹。

任正非也承认这一点，在创业的初期，他就在企业内部推广一种"狼性文化"，带着一帮"狼"一路狂奔。在广为流传的任正非总结的狼的三条优点中，我们可以看出这个企业最初是如何快速获得成功的：一为敏锐的嗅觉；二为不屈不挠、奋不顾身的进攻精神；三为群体奋斗。所谓的"狼性"，在任正非看来，就是"哪儿有肉，隔老远就能嗅到，一旦嗅到肉味就奋不顾身"。

这种狼的特点在华为创立之初，被任正非发挥得淋漓尽致。在众多的关于华为的故事中，我们可以看到一个奋不顾身、毫不留情的抢夺市场的狼影。华为以咄咄逼人之势，以狼式的扩张，将它的对手——思科、中兴等企业逼得不得不对它进行反攻。

2.《狼图腾》后，狼性文化呈燎原之势

2004 年 5 月，一本《狼图腾》的出版，国内众多企业开始为各种以狼为核心符号、图腾和宗旨的企业文化摇旗呐喊，各行各业都宣传起狼性文化，一时之间，"狼烟"四起。

《狼图腾》以北京青年陈阵在内蒙古草原插队的经历为主，作者姜戎通过三个部分，以层层递进的方式，讲述了一个核心理念——狼图腾。第一部分以草原生活、历史和人物说明中华文明史上"狼图腾"的事实；第二部分以群狼和小狼的故事说明游牧民族为什么信仰"狼图腾"；最后讲述了"狼图腾"的历史意义。

姜戎以几十个小故事将这三部分串联了起来，主人公陈阵就是串起这些故事的线。书中以陈阵的所见所闻，记录了许多关于草原上的民族和草原以及狼族的故事。在书中，陈阵在草原上与狼有过亲密的接触，他曾观察狼群打围黄羊群、打围军马群的全过程，钻进狼洞掏狼崽，也养过小狼，与狼缠绵过，也曾亲身参与了围剿狼的生死之战，到最后看着草原的没落和草原狼从草原上消失了……

关于狼的形象，我们大多数都是从《东郭先生》、《狼与小样》、《小红帽》这样的故事中得来的，故事向我们传递出的关于狼的信息，大多是狡诈、凶残、贪婪等。但是《狼图腾》却一反传统，正面歌颂起狼来。通过姜戎的笔，当草原狼齐心协力围捕狩猎时，我们看到的是狼的团结协作；当头狼和狼群为保护小狼而惨死在枪口之下时，狼的牺牲精神令我们感动。狼在战斗时勇往直前，在撤退时井然有序，以及狼性中偶尔流露出来的慈爱、温柔和维护草原生态平衡的一面，这些都与传统中的狼有着截然不同的特点，那一匹匹精灵一般的草原狼呼之欲出。显然，作者以独特

的视角，展示了鲜为人知的草原狼群的生存
之道：勇敢、强悍、智慧、顽强拼搏、忍耐、
热爱生活、热爱生命、永不满足、永不屈服、
团队合作、牺牲等。狼在袭击前的侦察、布
阵和伏击；狼对地形、气象的运用；狼族中
的友爱亲情；小狼艰难的成长过程，向读者

◎ 有了草原狼，大草原的生态才能维持平衡

展示了一个全新的狼的形象。

  在草原上，人成了一名学生，他们要向狼学习智慧、团结和勇气。于是，这才有了成吉思汗，有了横扫欧洲的蒙古骑兵。有了狼，才有了草原，因为有狼的存在，那些黄鼠狼、黄羊的数目才得以控制，防止草原进一步沙化。所以对于草原上的生态链而言，狼是非常重要的一环，因此草原上的牧民对狼又爱又恨。这是几千年来草原上的人与狼之间的关系，他们在这种微妙的情感中维持平衡。狼也成为了当地文明的起点，人们的生

◎ 大草原就像一个温暖的怀抱

活习性、性格特征以及他们的艺术，都有狼息息相关。那些敢拽狼尾巴的女人，那些敢钻进狼洞掏狼崽的孩子们，那些独自一人去赶被狼赶跑的羊群的男人，这种豪气与勇气，都是大自然赋予的。

在后来接受媒体采访时，姜戎提到了一个"大命小命"的说法。按照当地牧民的说法，"草原"是大命，草原上的人、草原狼、还有黄羊这些都是小命，没有了草原这个"大命"，所有的"小命"都要丢掉。这形象地揭示了这种人与动物、与自然的关系。在那时，大草原还是像一个温暖的怀抱一样，包容着在里面生活的一切物种。

正如许多童话故事一样，开始总是美好的，但结局总是令人神伤。一群又一群的盲流进入草原，那些开着吉普车、扛着步枪的人在草原上追逐着草原狼，直至大狼最后精疲力尽轰然倒地，眼神中带着一抹不屈。这个时候，我们会发现，人有时候是比狼还可怕的动物。

书中曾引起比较大争议的部分，是姜戎对于狼性的思考。他以"狼羊定律"来解释历史，认为游牧民族是狼，农耕民族为羊，并认为"（农耕民族）作为受血者总是弱于（游牧民族）输血者"。作者进一步指出，农耕民族屡次被游牧民族征服，原因就在于农耕民族性格中狼性的缺失。华夏文明在历史进程中能够生存下来，完全得益于游牧民族一次次不断地输血的结果，正是这种混杂着"狼性"和"羊性"的文化产生的张力，才保持了华夏文明的生命活力。

作者的本意也许是想以强悍的"狼文化"给农耕文化注入新的因素，但这部文学作品一问世，就深得企业界的青睐，一段时间以来竟成了公司白领的抢手读物。这种文学作品与企业狼性文化的一拍即合显然是作者没有料到的。这也许是因为书中阐述的狼性文化，即：一为敏锐的嗅觉；二为不屈

不挠、奋不顾身的进攻精神；三为群体奋斗，深深契合了企业发展的需要。尤其是对于许多仍处于求生存阶段的企业来说，狼一样的野性是在残酷的市场竞争中获胜的法宝，它们需要狼一样敏锐的嗅觉和极快的速度、极强的攻击力，所以《狼图腾》的出现让它们找到了一种生存的依据。

　　有人做了一个统计，在《狼图腾》之后，各种狼文化书

◎ 草原上的黄羊

籍纷纷涌现，如《狼阵——团队合作之终极哲学》、《狼魂——强者的经营法则》、《披上狼皮——办公室心理修炼》……市场上关于狼文化的书籍达到了60多种，这些书籍，有的是针对个人的，但大多都是针对企业的。市场群起而拜狼，以狼为荣。

狼性文化的兴起，在一定程度上是由于随着中国在国际上地位的不断上升，满足了中国人的扩张心理；而商业伦理的缺乏，也为狼性文化的生存提供了一个空间，物欲横流、"他人即地狱"的情形，为狼性文化的存在提供了现实依据。

2 狼性文化背景下的人狼关系

狼文化，是指与人联系起来产生的狼与人之间的关系。狼文化的本质就是人与狼的关系，狼与人关系的发展历程、人类对狼的认识的演变、人与狼之间的利害关系、人与狼的相处等，都属于狼性文化探讨的范畴。

人与狼关系，在不同的时期、不同的地域和民族有着不同的表现形式。在蛮荒时期，人与动物一样过着茹毛饮血的日子，为了饱餐或者生存的安全，人类不得不像仇敌一样对待周围的动物。而狼，一度因为其矫健的身姿和惊人的力量而成为一些地区的人崇拜的对象。

随着人类的逐渐进化，人类开始驯化了一部分动物，这部分动物渐渐失去了野性而依赖人的庇护，但是，人类可以驯服熊、老虎等猛兽，却一直未能驯服狼。在公园里，有老虎、熊的表演，却从不见

◎ 狼逐渐成为人类的敌人

狼的身影。在这种情况下，狼逐渐变成了人类的敌人。

随着一些动物被人类驯化，人类展开大规模的畜牧养殖业。这种动物大量集中的养殖方式为狼提供了便利，加上这些动物在人的调教下逐渐变得温顺没有了脾气，狼猎食起来就更加方便了。于是，人类开始痛恨狼，将狼作为一个邪恶、贪婪的符号，纳入了自己的文化里。例如"狼子野心"、"狼心狗肺"等，都是借用狼来形容贪婪、忘恩负义。

在人类5000年的历史文明中，大部分时间里，狼在汉民族地区一直扮演着反面的角色。狼的贪婪、狡诈、凶残、冷酷一直令人望而生畏。但是，狼的这些曾经为人们所厌恶的特性，在特定的环境中却能够产生意想不到的效果，于是，一种向狼学习的狼性文化便随之诞生。

狼还是那匹狼，改变的是人们的态度。那些曾经视狼为仇敌、为邪恶的人类，现在开始转而谦恭地拜狼为师，像狼学习它们的生存法则。

这是一种什么样的法则？残酷无情、你死我活、为达目的不择手段、蔑视规则、无视人性……这种规则背后，是抛去了所有的社会性后只剩下最原始的动物性，动物出于本性，饿了就去觅食，渴了就去找水喝，受到威胁就会本能地反击。

许多狼性文化的推崇者说，向狼学习，不是学狼的野蛮，而是学习狼好的一面，学习狼的纪律、团队精神、勇气等。纵观人类的历史，从动物世界中，人类在一次次进化和与自然界、动物等的竞争中生存下来，每一步都是靠着团队精神、勇气来实现的。人类并不缺乏狼身上所具备的优点，狼性文化其实只是一种道德原罪文化。

"原罪"的概念是随着上世纪80年代第一代富人的出现而出现的。这个词原本指的是企业或者个人通过不正当手段或者途径获得财富的行为。

　　后来，随着法律法规的进一步规范化，一种新的原罪产生了，即为"道德原罪"：以破坏环境为代价来获得利润；以影响社会风气、误导和毒害青少年而发家致富……

　　还有一些处在初创期的企业，为了生存，为了能够在激烈的市场竞争中存活下来，不得不像狼一样灵敏而奋不顾身，否则只能夭折。

　　狼性文化表达的是一种动物的本能，一个人、一个企业家、一个企业如果变成了狼或者狼群时，社会就会危机四伏。

　　狼性文化着眼于利益，因此，当一个人为了利益而不顾社会规则，当一个企业为了利益而视社会责任于不顾时，狼性文化对人类的危害恐怕比狼本身还要严重。

　　所以，当狼性盛行而置人性于不顾时，当狼性文化盛行不衰时，人与狼的关系已经颠倒了。当人将自己置于一个低等的位置而去膜拜一个过去被视为邪恶的动物，向狼看齐时，人类已经被物欲横流的社会所蒙蔽。

附录

世界各地传说中的变形者一览

美洲印第安人：兽皮行者或者剥皮行者

阿根廷：被称为剥皮行者的豹人和像狐狸的狼人

巴西：在巴西有种亚马逊河豚可变成男孩；还有一种棕色的鸟 uirapuru 也可以变身成男孩

智利：智利的巫师会变成秃鹰。

摩洛哥和坦桑尼亚：铁匠会变成鬣狗，它通常会佩戴人的装饰，这样就可以被认出来。

法国：热沃丹之兽是法国最著名的有文字记载的变兽人，Bisclavret 是一种不能变回原形的狼人，除非他能找到自己的衣服。

希腊：在希腊，"vrykolaka" 是对狼人、吸血鬼和巫师的统称。

海地：海地的 "loup-garou" 能变成任何东西，包括植物和动物。

冰岛：hamrammr 是一种人兽，他通常会变成他最近吃掉的动物。他的力量会随着他吃的动物数量的增多而增加。冰岛现在对狼人的称呼为 "varulfur"。

印度：在印度，"rakshasa" 和 "raghosh" 是能变成任何他想变的动物的人，他的标志性特征是他巨大的体型和头发的颜色（一般为红色或者金黄色）。

爱尔兰和苏格兰："selkies" 指的是海豹脱下自己的皮肤变成人。黑头发的凯尔特人的族谱中能找到 "selkies"，对渔民来说，"selkies" 是一种有益的生物。

意大利：意大利的狼人是 "Lopo mannero" 或 "licantropo"。"Benandanti" 是一群离开身体的狼人，他们变成狼人前往黑暗世界与巫师搏斗。

日本：日本民间传说中最著名的人兽是 "kitsune"（狐狸）、"tanuki" 或者 "mijina"，其中，"kitsune" 代表女性，"tanuki" 代表男性。那些能改变形态的人被统称为 henge。

非洲肯尼亚："ilimu" 是一个吃人的变形者。它的原型是动物，但是可以变形为人。

拉脱维亚："vilkacis" 指的是 "狼的眼睛" 或 "狼人"，它是一种邪恶的变形者，但有时也能带来财富。

立陶宛：“vilkatas”就是立陶宛的狼人。

墨西哥：“nahaul”是一种能够变成狼、大型的猫、鹰和公牛的变形者。

法国诺曼底：“lubins”和“lupins”看起来像狼，但是可以说话，且十分害羞。

挪威和瑞典：“eigi einhamir”能通过披上狼皮变成一匹狼。

巴拿马：“Tula vieja”在巴拿马非常常见，它们常以年老的妇女或者女巫的形象出现，右手总是拿着一条乌鸦腿。她喜爱捕食儿童，喜待在阴暗处，等着捕食猎物，喜欢将猎物的手、抓握在手中。

波斯：波斯有一种与印度的“rakshasa”非常相似的生物，常以无害的动物形象示人，喜欢袭击旅行者。

菲律宾：“aswang”是一种吸血鬼狼人，往往在夜间由人变成犬类捕食人肉。它常常化作带着蝙蝠翼、腰部断裂的死尸（实际上，它们腰部以下什么也没有），与神话故事中的“Berbalang ghouls”非常接近。

葡萄牙：葡萄牙的“bruxsa”或者“cucubuth”是一种既食肉又吸血的吸血鬼狼人。

俄罗斯：“wawkalak”是因受到魔鬼的诅咒而变成的狼人。

斯堪的纳维亚：斯堪的纳维亚是巴萨卡（狂暴战士）的故乡，巴萨卡们常披着狼皮。

塞尔维亚：“wurdalak”是狼人死后变成的吸血鬼。

南美洲：“kanima”是一种美洲豹样子的精灵，专门捕杀凶手。

西班牙：与人肉相比，西班牙的狼人“lob hombre”更喜欢宝石。

美国：美国土著中有各种形态的“兽皮行者”。在宾夕法尼亚，鼠人非常猖獗，它们喜好在夜间出来，与人肉相比，更喜欢有农场调料的胡萝卜。